收錄 **200** 種以上外型獨特、
能力驚人的奇特昆蟲！

你所
知道的

昆蟲
圖鑑

丸山宗利／著　陳姵君／譯

序言

若要用一個詞來形容昆蟲的魅力，非「多樣性」莫屬。光是目前已知的種類便多達100萬種，尚未得知的物種更是難以估計，據說昆蟲的種類多達500萬甚至1000萬種呢！每個種類的生活型態各異，樣貌也全然不同。就像人類之間有個體差異般，各種類昆蟲當然也存在著個體差異。「多樣性」只是一個概括的說法，實則包羅萬象，高深莫測。

也因為如此，雖然身為一名昆蟲學者，我也無法誇口自己對昆蟲知之甚詳，因為就算窮其一生，也不可能將昆蟲全盤了解透徹。我所知道的昆蟲只不過是其中的一小部分，甚至稱不上冰山一角，僅僅是冰屑罷了。昆蟲的世界博大精深，所以我一年到頭造訪熱帶森林採集昆蟲，再加上工作性質使然，每天都要端詳大量的昆蟲標本，相信自己鑽研昆蟲的時間一定比一般人更為長久。

本書的旨趣在於羅列各種昆蟲並加以比較。世上沒有什麼「普通

的天牛」、「普通的天蛾」，每個種類都有其特色，有些看起來雖相似，一比之下才會發現牠們各自的特異之處。我想，「比較」應該是體驗「多樣性」最見效的方法吧。

本書秉持著上述宗旨，由我挑選喜愛的昆蟲，並按分類群分門別類，羅列比較。我所喜愛的昆蟲甚多，這次收錄的都是至今較少有書籍介紹的珍奇昆蟲以及魅力四射卻鮮為人知的昆蟲，我想內容應該能讓許多讀者感到耳目一新。

此外，前面也提到，未知的昆蟲物種其實為數眾多，而負責發現新種的則是分類學明日之星的年輕研究者，分享最令他們感到歡欣鼓舞的新種發現這項職業。本書在各章穿插專欄，邀請身為分類談，讀者們應該也能透過這些文章更加感受到昆蟲的「多樣性」吧。

序言…2

第1章　好可怕、好厲害、稀奇古怪的昆蟲

不會飛的蚤斯…6
外型驚悚的竹節蟲…8
眼紋幾可亂真的天蠶蛾…10
堪稱猛禽類的天蛾…14
身懷劇毒的斑粉蝶…18
體型龐大的鋸天牛…20
稀有種鍬形蟲…24
巨大的長角象鼻蟲…26
宛如雕刻品的糞金龜…28
巨型糞金龜、迷你糞金龜…32
住在洞穴內沒有眼睛的甲蟲…34
我的大發現！令人歡喜的新種
柿添翔太郎　維納斯盲眼白蟻金龜…36
昆蟲column①
淺談昆蟲的日文名稱…37
百變螳螂…38
擬態一把罩的蚤斯…44
與螳螂非親非故毫無瓜葛的螳蛉…48
眼珠凸出的柄眼蠅…52
好痛！刺蛾幼蟲…54

我的大發現！令人歡喜的新種
今田弓女　蛇苔褶虹…58
屋宜禎央　琉球長足透翅蛾…59

第2章　螞蟻、白蟻與牠們的共生者

渾身帶刺的棘螞蟻…60
不容小覷的螞蟻…64
守護巢穴的白蟻兵蟻（中南美篇）…66
奇形怪狀的角蟬（中南美篇）…70
奇形怪狀的角蟬（東南亞篇）…74
神似螞蟻的隱翅蟲…78
酷帥性格的粗角步行蟲…82
會變得圓滾滾的球金龜…84
圓滾滾球金龜的變身祕密…86
我的大發現！令人歡喜的新種
金尾太輔　粗角乳白蟻隱翅蟲…88
昆蟲column②
喜蟻性生物與喜白蟻性生物…89

你所不知道的昆蟲圖鑑
收錄200種以上外型獨特、能力驚人的奇特昆蟲！
目錄

第3章

光鮮亮麗的昆蟲、
時髦有型的昆蟲

花枝招展的螳蟲…90

外型亮麗的蟬…94

小小時尚家・葉蟬…98

宛如水彩畫的蠟蟬〔亞洲篇〕…102

宛如水彩畫的蠟蟬〔南美篇〕…104

美美的蟑螂…106

活似絨毛玩偶的熊蜂…110

明豔高彩度的熊舌蜂…112

美豔動人的長舌蜂…114

時髦有型的球背象鼻蟲…116

誘人的寶石金龜…118

宛如胸針的龜金花蟲…120

我的大發現！令人歡喜的新種

有本晃一 紅腹細黑叩頭蟲…125

山本周平 擬消光粗角隱翅蟲…124

丸山宗利 葫蘆白蟻金龜…126

················· 本書閱覽方式 ·················

體長

展翅

體長

展翅：左右翅膀展開時的幅度
體長：頭頂（包含大顎與口器）
至腹部（甲蟲則為下翅尖端）的
長度。不含觸角與腳。
※只有標本圖片才會標明大小。

關於圖片版權
圖片攝影者名以代號方式標註
於各圖片說明文末。
※圖片說明皆出自作者之手。
〈M〉 丸山宗利
〈Ko〉 小松 貴
〈Ka〉 柿添翔太郎
〈S〉 島田 拓
〈Y〉 吉田攻一郎

我的第10款愛好

金襴寶石金龜

Chrysina cunninghami

分類	鞘翅目
	金龜子科（以下相同）
大小	體長40mm
採集地	巴拿馬

實際大小

有此註記的圖片，代表此
乃昆蟲的實際大小。

作者在該單元中最喜歡的昆蟲

有台灣譯名，也有日本名（或
日文暱稱）的中譯

學名
生物學名為世界共通，每一物種
都會有一個固定名稱。另一方
面，未分布於日本境內的生物，
其日文命名方式並沒有特別的規
定。本書所介紹昆蟲來自世界各
地，有些在日本還不太有人知
曉，也尚未有固定的日文名稱。
為了讓各位讀者不至於感到陌
生，特地為這些昆蟲取了日文暱
稱。

分類學上的目與科。單元中所介
紹的昆蟲若為同目同科，則標註
於第一張圖片。

標本圖片會標明該個體的採集
地，生態照則會列出攝影地點。

第 1 章

不會飛的螽斯

褐銅螽斯

Bradyporus oniscus

分類	直翅目
	螽斯科（以下相同）
大小	體長58mm
採集地	希臘

從某些角度可觀察到
銅色光澤。〈Ko〉

實際大小

腹部黝黑而粗糙。〈Ko〉

肯亞棘螽斯

Spalacomimus sp.

大小	體長50mm
採集地	南非

黑條紋棘螽斯

Acanthoproctus cervinus

大小	體長52mm
採集地	南非

胸部的棘刺宛如鹿角，
學名也以此命名。
〈Ko〉

實際大小

6

提

到螽斯，讀者們可能會直覺聯想到在草地出沒並發出鳴叫的綠色蟲子吧。然而放眼世界各地，顛覆這種既定印象的成員還真不少。歐洲南部與非洲的乾燥地帶存在著許多放棄飛行能力，爬遍半沙漠地帶的螽斯。對鳥類或蜥蜴而言，螽斯是相對容易捕食的昆蟲，因此有些螽斯全身布滿棘刺以保護

自身安全。這些螽斯看起來都很不好惹，威風凜凜。其實我還不曾在野外親眼目睹過此一族類，總盼著有朝一日能成功捕獲。從小我就喜歡蟋蟀與螽之類的昆蟲，因此這種外型介於蟋蟀與螽斯之間的蟲類，在我眼裡顯得魅力十足。將摩洛哥棘螽斯放在掌心觀察其爬行姿態，更是我的一大夢想。

實際大小

摩洛哥棘螽斯

Eugaster spinulosa

大小	體長45mm
採集地	摩洛哥

胸部的凹凸紋路與整體外型很酷。〈Ko〉

實際大小

南非棘螽斯

Acanthoproctus sp.

大小	體長48mm
採集地	南非

不只是胸部，連腹部都滿布著棘刺。〈Ko〉

外型驚悚的竹節蟲

提到竹節蟲，應該有很多人會聯想到如樹枝般細長的蟲子吧。事實上的確有很多竹節蟲都長這樣，藏身於樹枝間隱蔽其行蹤。其中有些竹節蟲的外觀模仿樹葉維妙維肖，也有像本篇所介紹的幽靈竹節蟲般，外型宛如片片枯葉的物種。大部分生性溫馴的竹節蟲被捕食者發現時，除了直接被吃掉外，頂多也只能斷腳求生逃之夭夭而已。然而，有些竹節蟲卻能在緊要關頭與捕食者捉對廝殺一較高下。巨棘竹節蟲的同類只分布於新幾內亞島周邊，牠們體型巨大、外型凶猛，擁有粗壯的後腿，作用就像鍬形蟲的大顎，被敵人襲擊時會揮動後腿夾擊抵抗。

實際大小

亮澤巨棘竹節蟲

Eurycantha immunis

分類	竹節蟲目竹節蟲科
	（以下相同）
大小	體長103mm
採集地	新幾內亞島

彷彿塗了凡立水般充滿光澤。〈Ko〉

婆羅洲 巨棘竹節蟲

Haaniella echinata

大小	體長105mm
採集地	婆羅洲島

棲息於黝暗森林的樹葉上。〈Ko〉

幽靈竹節蟲

Extatosoma popa

大小	體長165mm
採集地	新幾內亞島

外觀宛如凋零皺縮的枯葉。〈Ko〉

巨棘竹節蟲

Eurycantha calcarata

大小	體長120mm
採集地	新幾內亞島

體型巨大，外型雄壯威武。〈Ko〉

眼紋幾可亂真的天蠶蛾

天蠶蛾大多身軀肥碩、體型龐大，擁有巨大又強健的翅膀，可謂蛾中王族。而且有許多天蠶蛾全身毛茸茸，模樣十分可愛，以具有眼紋的天蠶蛾特別醒目。此項特徵或許會讓討厭昆蟲的人嚇一跳，不過這原本就是用來嚇阻鳥類等捕食者的紋路，所以會嚇到人似乎也很正常。尤其是目天蠶蛾一族，平常靜止時是看不見眼紋的，一旦遭外敵侵略就會施展本領，讓眼紋倏地浮現，想必是因為這樣才能收到較大退敵效果的緣故吧。其中，尤以伊吉斯巨目天蠶蛾體型最為巨大，震撼力滿點。

白帶天蠶蛾

Bunaea alcinoe alcinoe

分類	鱗翅目天蠶蛾科
	（以下相同）
大小	展翅160mm
採集地	馬拉威

實際大小

白色與褐色的鮮明對比
相當精彩。〈Ko〉

彷彿染血般的紅色部分，
顯得有些詭譎。〈Ko〉

實際大小

紅目天蠶蛾
Automeris janus

大小	展翅125mm
採集地	法屬圭亞那

黃目大蠶蛾
Caligula anna

大小	展翅96mm
採集地	中國

翅膀邊緣如漣漪般的紋
路十分柔美。〈Ko〉

實際大小

實際大小

伊吉斯巨目天蠶蛾

Automeris egeus

彷彿鬆餅般的配色。〈Ko〉

大小	展翅145mm
採集地	法屬圭亞那

阿曼達巨目天蠶蛾

Automeris amanda subobscura

大小	展翅80mm
採集地	厄瓜多

眼紋十分巨大。〈Ko〉

實際大小

祖蕾卡天蠶蛾

Caligula zuleika

大小	展翅123mm
採集地	印度

下翅的粉紅色俏皮可愛。
〈Ko〉

實際大小

梅索莎天蠶蛾

Salassa mesosa

大小	展翅145mm
採集地	泰國

具立體感的眼球紋路
十分逼真。〈Ko〉

實際大小

我真10球好

最讓我感動的物種。〈Ko〉

實際大小

堪稱猛禽類的天蛾

迷彩天蛾
Eumorpha capronnieri

分類	鱗翅目天蛾科
	（以下相同）
大小	展翅105mm
採集地	法屬圭亞那

具有銀色斑紋。
〈Ko〉

銀紋擬長喙天蛾

Callionima parce

大小	展翅72mm
採集地	法屬圭亞那

紋路彷彿附著於樹幹的
地衣。〈Ko〉

白紋南美
霜降天蛾

大小	展翅145mm
採集地	法屬圭亞那

Manduca alboplagia

同一地點有3種相似
的物種。〈Ko〉

粉桃下翅
鷹翅天蛾

大小	展翅118mm
採集地	法屬圭亞那

Adhemarius ypsilon

上翅與下翅的對比十分
優美。〈Ko〉

雙色天蛾

大小	展翅95mm
採集地	法屬圭亞那

Isognathus tepuyensis

我很喜歡天蛾，從很久以前就開始蒐集。壯碩的軀幹與細緻寬大的翅膀，彷彿猛禽類般充滿力與美。日文的天蛾說法為「麻雀蛾」，英文則以「老鷹（hawk）蛾」指稱，讓人覺得實至名歸。在法屬圭亞那時，每晚都有上百隻天蛾聚集於燈火處，而且都是在日本很少見過的種類，讓我收集得興高采烈。由於數量實在太多，只好選擇外觀亮眼的天蛾進行採集，對我來說真的是很奢侈的經驗。其中我最中意的是迷彩天蛾，活似穿上迷彩服的綠色上翅斑紋及色澤鮮豔的黃色下翅簡直巧奪天工。沃克天蛾的口器相當長，以為馬達加斯加的馬島長喙天蛾口器是世界上最長的，發現牠著實令我驚豔、

雙線條紋長喙天蛾

Neococytius cluentius

大小	展翅132mm
採集地	法屬圭亞那

翅膀的線條紋路很酷。
〈Ko〉

沃克天蛾

Amphimoea walkeri

大小	展翅148mm
採集地	法屬圭亞那

口器長達25公分以上。〈Ko〉

菸草天蛾

Manduca diffissa tropicalis

大小	展翅113mm
採集地	法屬圭亞那

南美有許多腹部帶有
黃色斑點的天蛾。
〈Ko〉

南美鷹翅天蛾

Protambulyx goeldii

大小	展翅103mm
採集地	法屬圭亞那

感覺日本也有此物種
棲息。〈Ko〉

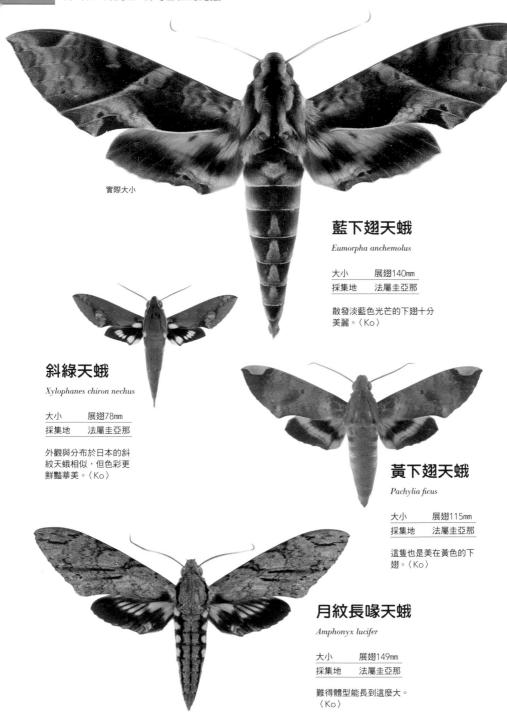

實際大小

藍下翅天蛾

Eumorpha anchemolus

大小	展翅140mm
採集地	法屬圭亞那

散發淡藍色光芒的下翅十分
美麗。〈Ko〉

斜綠天蛾

Xylophanes chiron nechus

大小	展翅78mm
採集地	法屬圭亞那

外觀與分布於日本的斜
紋天蛾相似，但色彩更
鮮豔華美。〈Ko〉

黃下翅天蛾

Pachylia ficus

大小	展翅115mm
採集地	法屬圭亞那

這隻也是美在黃色的下
翅。〈Ko〉

月紋長喙天蛾

Amphonyx lucifer

大小	展翅149mm
採集地	法屬圭亞那

難得體型能長到這麼大。
〈Ko〉

身懷劇毒的斑粉蝶

斑粉蝶正如其名，與白粉蝶同屬於粉蝶科。儘管尚未獲得詳細研究，一般相信其身驅帶有劇毒，外貌才會呈現出醒目搶眼的絢爛色彩。最近的研究則發現，同屬於粉蝶科的橙端粉蝶含有劇毒，因此將斑粉蝶視為有毒大致上應該錯不了。斑粉蝶的分布範圍甚廣，從亞熱帶亞洲、新幾內亞乃至澳洲都可以看見其身影，尤其新幾內亞更是其大本營，種類繁多。體色以黑色為基調，搭配紅、白、黃色斑紋的物種相當多，除了看起來就是狠角色之外，又好似惡女一般，予人不可思議的美感。尤其是白條斑粉蝶具有放射狀紅條紋，散發出獨特的氛圍。

報喜斑粉蝶

Delias pasithoe thyra

分類	鱗翅目粉蝶科
	（以下相同）
大小	展翅78mm
採集地	泰國

常見於亞洲溫暖地區。〈Ko〉

紅星斑粉蝶

Delias abrophora

大小	展翅42mm
採集地	印尼
	（西新幾內亞）

後翅的紅色斑點很吸引人。〈Ko〉

白角斑粉蝶

Delias apatela

大小	展翅55mm
採集地	印尼
	（布魯島）

後翅的橙色部分色彩鮮豔。〈Ko〉

白條斑粉蝶

Delias zebra

大小	展翅51mm
採集地	印尼
	（西新幾內亞）

紅白配色感覺喜氣
洋洋。〈Ko〉

黑暈斑粉蝶

Delias meeki neagra

大小	展翅62mm
採集地	印尼
	（西新幾內亞）

昭然若揭的含毒色調。
〈Ko〉

斯科寧斑粉蝶

Delias schoenigi

大小	展翅58mm
採集地	菲律賓
	（民答那峨島）

在斑粉蝶當中罕見的
柔和色調。〈Ko〉

卡莉絲塔斑粉蝶

Delias callista callipareia

大小	展翅50mm
採集地	印尼
	（西新幾內亞）

紅色圓形斑紋顯得
很詭異。〈Ko〉

橙黃斑粉蝶

Delias aruna

大小	展翅73mm
採集地	印尼（巴占島）

宛如穿著妖豔的禮服。〈Ko〉

體型龐大的鋸天牛

實際大小

非洲最大種，只棲息於聖多美普林西比這座小島國家。〈Ko〉

非洲大剪天牛

Telotoma hayesi

分類	鞘翅目天牛科
	（以下相同）
大小	體長130mm
採集地	聖多美普林西比

充滿陽剛美或造型稀奇古怪的天牛為數甚多，也因此蒐集者眾。天牛可以大致歸類成幾個分類群，不過本篇所介紹的是鋸天牛這種原始物種，大部分為夜行性，成蟲之後完全不進食，不太了解昆蟲的人會說牠們「長得很像蟑螂」，不過這卻是我個人最喜愛的天牛種類。粗曠的外表再加上原始氛圍，真的性格帥氣。2016年2月為了採集角蟬，造訪了位於南美的法屬圭亞那。當時據說剛好是泰坦大天牛出沒的時期，也讓我多少有些期待。就在某個下著大雨的夜晚，有隻無比巨大的天牛停駐於燈火處，其身軀龐大到超出我的手掌範圍，著實令我感到驚訝。單純就體長來看的話，牠無疑是世界上最大的甲蟲。這一夜的興奮與感動應該會讓我畢生難忘吧。

實際大小

泰坦大天牛

Titanus giganteus

大小	體長150mm
採集地	法屬圭亞那

筆者親手捕獲的天牛（上圖、左圖）。非常巨大，著實驚人。〈上圖Ko、左圖M〉

魯尼柯利斯
寬薄翅天牛

Xixuthrus lunicollis

大小	體長127mm
採集地	印尼（布魯島）

此為亞洲最大型的天牛，
也只分布於小島。〈Ko〉

實際大小

印度鍬形
薄翅天牛

Acanthophorus serraticornis

大小	體長108mm
採集地	印度

分布於印度，雄天牛具有媲
美鍬形蟲的強韌大顎。
〈Ko〉

實際大小

長牙大天牛

Macrodontia cervicornis

大小	體長110mm
採集地	祕魯

巨型大顎顯得威風凜凜。
大型個體的大顎規模會更
巨大。〈Ko〉

實際大小

南美大薄翅天牛

Enoplocerus armillatus

大小	體長115mm
採集地	祕魯

南美的代表性大型種之一。
〈Ko〉

實際大小

提到鍬形蟲，讀者們應該會直覺聯想到擁有一對強韌大顎的外型吧？事實上，不具備大顎的鍬形蟲也挺多的。坊間不乏介紹稀有的鍬形蟲的圖鑑與書籍，不過有很多過於稀有的物種其實還不曾被刊載過。本篇羅列了顛覆傳統外型，而且鮮少被撰文介紹的鍬形蟲物種，提供讀者做一番比較。尤其是馬來平顎鍬形蟲，至今尚未有書籍刊登出如此完整漂亮的標本。其中有些物種甚至只棲息於白蟻穴、遠海孤島、位於地球盡頭處的山頂等等，每隻皆得來不易。或許造訪其棲息地便有機會捕獲，但畢竟要跋山涉水、無法輕易得手，因此讓人更加嚮往而感到熱血沸騰。

大隱爪鍬形蟲

Brasilucanus alvarengai

分類	鞘翅目鍬形蟲科
	（以下相同）
大小	體長9.5mm
採集地	法屬圭亞那

似乎居住於白蟻巢穴，
但詳情仍舊是個謎。〈Ka〉

馬來平顎鍬形蟲

Torynognathus chrysomelinus

大小	體長7.1mm
採集地	馬來半島

以往僅發現寥寥數隻的
稀有種，最近成功採集
了好幾隻個體。〈Ka〉

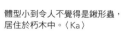

熱帶斑紋鍬形蟲

Echinoaesalus yongi

大小	體長3.9mm
採集地	馬來半島

體型小到令人不覺得是鍬形蟲，
居住於朽木中。〈Ka〉

普氏尖顎
鍬形蟲

Colophon primosi

大小	體長31mm
採集地	南非

實際大小

小圓木鍬形蟲

Microlucanus greensladeae

大小	體長10.2mm
採集地	索羅門島

只分布於索羅門島，外觀雖不起眼卻是很獨特的物種。〈Ka〉

實際大小

擬木鍬形蟲

Agnus egenus

大小	體長9.9mm
採集地	留尼旺島

留尼旺島的特有種，相當稀有。〈Ka〉

馬來隱爪
鍬形蟲

Penichrolucanus copricephalus

大小	體長6.8mm
採集地	馬來半島

於白蟻巢內發現其身影。〈Ka〉

棲息於南非少數岩山。具有形狀特殊的大顎。〈Y〉

巨大的長角象鼻蟲

長角象鼻蟲屬於在亞洲大量繁殖的象鼻蟲一族，但與一般的象鼻蟲有所區別，獨自歸類為長角象鼻蟲科。本單元所展示的是最大型的物種，尤其是大將長角象鼻蟲，廣義來說屬於象鼻蟲類的世界最大種。其實，出現在穀米中的米象也隸屬於長角象鼻蟲一族，由此可知，長角象鼻蟲的體型有大有小，變化很大。長臂長角象鼻蟲的公蟲具有很長的手臂，據說是為了求偶、與其他公蟲交戰才變得如此發達。無論哪一個物種體內皆有大量油脂，導致標本容易變色，相當可惜。活的長角象鼻蟲色調與紋路會更加鮮明。

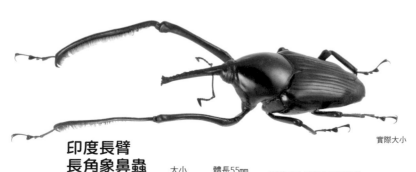

實際大小

馬來長臂長角象鼻蟲

Mahakamia kampmeinerti

分類	鞘翅目長角象鼻蟲科
	（以下相同）
大小	體長75mm
採集地	馬來半島

標本還新鮮時看得見橙色紋路，「手臂」也是黃色的。此乃世界最大的象鼻蟲，屬於稀有種。〈Ko〉

實際大小

印度長臂長角象鼻蟲

Cyrtotrachelus dux

大小	體長55mm
採集地	印度

活著時也可觀察到鮮豔的黃色紋路。〈Ko〉

大將長角象鼻蟲

Protocerius colossus

大小	體長85mm
採集地	馬來半島

世界最大的象鼻蟲。腿腳很有力，被箝住時甚至會刺破手掌。〈Ko〉

我的孩沒好

實際大小

六紋大長角象鼻蟲

Omotemnus princeps

大小	體長65mm
採集地	馬來西亞（婆羅洲島）

宛如天鵝絨般的質感。〈Ko〉

實際大小

爪哇長臂長角象鼻蟲

Macrocheirus praetor

大小	體長58mm
採集地	印尼（爪哇島）

實際大小

許多長臂的長角象鼻蟲均以竹子或椰子為食。〈Ko〉

大黑糞金龜

Copris ochus

分類	鞘翅目
	金龜子科
	（以下相同）
大小	體長28.5mm
採集地	日本

日本的代表性糞金龜。這兩頁介紹的都是大黑糞金龜的同類。〈Ka〉

我討厭說好

馬丁納大黑糞金龜

Copris martinae

大小	體長24mm
採集地	坦尚尼亞

位於前胸的銳利長角實在了得。〈Ka〉

十字大黑糞金龜

Copris laius

大小	體長23mm（雄）
	25mm（雌）
採集地	布吉納法索

實際大小（雄）

實際大小（雌）

母蟲也有角，呈十字型。〈Ka〉

宛如雕刻品的糞金龜

馬來
大黑糞金龜

Copris bellator

大小	體長31.5mm
採集地	馬來半島

屬於世界最大的蜣螂屬（*Copris*）昆蟲。〈Ka〉

圓大黑糞金龜

Copris brachypterus

大小	體長17.5mm
採集地	日本

只棲息於奄美大島與德之島，以琉球兔的糞便為食，不具飛行能力。〈Ka〉

西班牙
大黑糞金龜

Copris hispanus

大小	體長26mm
採集地	西班牙

曾出現於《法布爾昆蟲記》一書。〈Ka〉

糞金龜正如其名，會群聚於動物的糞便當中。許多糞金龜從遠處便能聞到氣味而朝糞便飛行而至。牠們會將糞便埋入巢穴食用，或是夫妻聯袂製作糞球，並產卵於其中。在同一地點爭奪糞便的同種競爭者很多，有時彼此會大打出手。因此，許多糞金龜都具有強韌且突起的角。人類或許會覺得這些角的功能大同小異，不過各物種糞金龜角的形狀大異其趣，有些角甚至令人懷疑是否真的能發揮作用。大部分的物種只有公蟲有角，部分物種的母蟲也具備強韌的角，有些物種則是只有母蟲才長角，這應該與雌雄之間所負責的任務不同有關。日本也有大黑糞金龜這種長著大角的物種分布，常見於牧場的牛糞中，不過近年來由於牛隻驅蟲藥的影響，其數量在日本全國銳減。

鹿角閻魔糞金龜
（亮綠色）

Proagoderus rangifer

分類	鞘翅目金龜子科
	（以下相同）
大小	體長12.5mm
採集地	坦尚尼亞

長著如麋鹿般的大長角。這兩頁介紹的都是閻魔糞金龜的同類。〈Ka〉

實際大小

下角
閻魔糞金龜

Onthophagus nigriventris

大小	體長17.5mm
採集地	肯亞

角朝下，不知如何使用。
〈Ka〉

鹿角閻魔糞金龜
（亮紅色）

Proagoderus rangifer

大小	體長14mm
採集地	坦尚尼亞

上述物種的紅色版。〈Ka〉

泰國長角
閻魔糞金龜

Proagoderus mouhoti

大小	體長17.5mm
採集地	泰國

泰國的知名物種。〈Ka〉

凹洞長角
閻魔糞金龜

Proagoderus panoplus

大小	體長13.5mm
採集地	坦尚尼亞

胸板有大洞與突起。
〈Ka〉

荒肌長角
閻魔糞金龜

Proagoderus gibbiramus

大小	體長22mm
採集地	坦尚尼亞

外殼粗糙有種滄桑感。
〈Ka〉

鮑氏長角
閻魔糞金龜

Proagoderus bottegi

大小	體長16mm
採集地	衣索比亞

胸板長著一對銳角。〈Ka〉

葡萄長角
閻魔糞金龜

Proagoderus ramosicornis

大小	體長11mm
採集地	肯亞

美麗的紫色外觀。〈Ka〉

大象糞金龜

Heliocopris dominus

專吃象糞的黃金龜。
〈M〉

分類	鞘翅目
	金龜子科
	（以下相同）
大小	體長68mm
採集地	泰國

＼世界最大／

實際大小

盲眼微型
白蟻糞金龜

Termitotrox cupido

大小	體長1.1mm
採集地	柬埔寨

生活於白蟻巢穴。令人
聯想到天使羽翼的模樣
為學名的由來。〈M〉

＼世界最小／

我討厭很好

實際大小

本篇將世界上最大的糞金龜與世界上最小的糞金龜排列比較。前者不愧長了一副龐大的身軀，專以大象的糞便為食。糞金龜夫妻檔會在象糞下挖洞，將糞便滾成球狀並在此產卵。幼蟲在這座「糞搖籃」的孕育下逐漸成長。

後者就食性而言並不屬於糞金龜，但在分類群上被列入了「糞金龜」類，實際上則生活於白蟻穴內。這也是我所發現的新種，對我而言是別具重大意義的昆蟲，之後也會分享發現此蟲時真的狂喜到讓我忍不住跳起來的往事。此蟲的上翅有著天使羽翼般的紋路，因此將其學名命名為邱比特（*Cupido*）。光是有幸發現此蟲就夠令我歡喜的，後續還得知此乃世界上最小的糞金龜，亦是最小型的金龜子，讓我歡天喜地了兩次。牠對我來說真的是名符其實的天使。

大小比一比

本頁試著將標本以同樣的比例放大呈現。可以看到大象糞金龜已佔滿了一半頁面，盲眼微型白蟻糞金龜卻還是如此迷你。

大象糞金龜

盲眼微型
白蟻糞金龜

住在洞穴內沒有眼睛的甲蟲

生物身上的器官其實多少都有其必要性。反之，若失去必要性時，就會從身體消失，此現象稱之為退化。

棲息於漆黑如洞穴之處的生物，無須透過眼睛識物，因此，對洞穴環境適應良好的動物，眼睛功能幾乎退化，甚至眼睛完全消失的物種也不在少數。有些物種的腳會變長，有些則是透過長長的感應毛來代替眼睛，很多物種的外觀因而蛻變成稀奇古怪的模樣。其代表性生物

為本篇所介紹的盲眼塵芥蟲與盲眼埋葬蟲類，尤其是分布於東歐南部洞穴內的物種，外型極其特殊。特殊的不只是外型而已，像是凸腹長腳盲眼埋葬蟲，一次只產一顆卵，孵化後的幼蟲會在絕食的狀態下成長為成蟲，生態十分驚人。在食物匱乏的洞穴內，為了不讓尚未具備充分爬行能力的幼蟲受覓食之苦，母蟲會將所有養分傾注於卵中。

凸腹長腳
盲眼埋葬蟲

Leptoderus hochenwarti

分類	鞘翅目球蕈甲科
大小	體長7.8mm
採集地	斯洛維尼亞

一次只產一顆卵。終極洞穴性昆蟲。〈M〉

布氏大頭長腳盲眼塵芥蟲

Pheggomisetes bureschi

分類	鞘翅目步行蟲科
大小	體長9mm
採集地	保加利亞

巨大的頭部與淺金色的
身軀相當迷人。〈M〉

比利麥可巨型盲眼塵芥蟲

Typhlotrechus bilimeki istrus

分類	鞘翅目步行蟲科
大小	體長11.5mm
採集地	斯洛維尼亞

屬於此族類的超大型種。
〈M〉

特殊化程度並不算高。
〈M〉

洞穴盲眼埋葬蟲

Spelaetes grabowskii

分類	鞘翅目球蕈甲科
大小	體長5.5mm
採集地	克羅埃西亞

細身長腳盲眼埋葬蟲

Astagobius angustatus laticollis

分類	鞘翅目球蕈甲科
大小	體長6mm
採集地	斯洛維尼亞

特殊化的程度較上述物種高。
〈M〉

種名

維納斯
盲眼白蟻金龜

Termitotrox venus Kakizoe & Maruyama, 2015

（金龜子科）

發現者

柿添翔太郎

九州大學系統生命科學府
碩士班二年級

此蟲分布於因吳哥窟遺跡而馳名的柬埔寨暹粒市境內，是一種寄居於培植菇類的白蟻穴內的金龜子。

在發現此蟲的兩年前，九州大學綜合研究博物館的丸山宗利老師，發表了柬埔寨境內有相同生態的兩種變種金龜子分布的研究。為了進行調查，我便配合老師的出差行程來到柬埔寨。

抵達柬埔寨沒多久，老師便指導我相關的調查方法。當時我還告訴老師，非常期待能發現新種，他卻直說不可能。畢竟老師已在此地區做過綿密的調查，才會回答得這麼有把握。

然而兩天後，期待成真，真的讓我發現新種了。起初以為是土塊，覺得好奇放到手心察看，沒想到卻有東西鑽了出來。

此蟲固定待在白蟻穴內的廢物堆積處，而這樣的生態正是導致此物種難被察覺的原因。

我立刻致電老師告知此事。從他的聲音可以感受到驚訝與難以置信的情緒。猶記當時那份滿懷感激而且無比愉悅的心

情。是夜，我們在蟲蟲的見證下，以吳哥啤酒乾杯慶祝。

回國後，在老師細心的指導下，總算完成論文並提出發表。「發現昆蟲新種並公開發表」是我自幼的夢想之一，如今終於得以一償宿願。

維納斯盲眼白蟻金龜

圖片／本人提供（2張皆是）

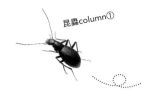

淺談昆蟲的日文名稱

　　介紹海外昆蟲時，我會盡可能為牠們取日文名稱（本書的中譯名稱除了慣用名之外，大多譯自日文名稱）。一方面可藉此讓大家產生親近感，另一方面，適切點出昆蟲特徵的日文名稱，搭配其外觀所帶來的印象以及名稱所涵蓋的訊息，亦能加深讀者對該昆蟲的認識。比方說，日文名稱中有「棘刺」字樣，有助於建立「原來這個昆蟲身上有很多刺」的概念。

　　說到日文名稱，就不能不提到近年來在生物界引發熱議的「含有歧視用語的日文名稱」話題。魚類方面，盲鰻改為「沼田鰻」、鼇魚則更名為「蛙鮟鱇」。當然，日文名稱只不過是一種稱呼（相對於此，學名則為世界共通的學術名），一般人根本無須跟隨學會的方針，因此在我看來這真的是很不可思議的事態。例如，「鼇」一詞是形容腿腳不便，以手輔助跛腳前進的模樣，然而這個早已廢棄不用的古語，究竟有幾％的日語使用者會知道呢？「盲眼」也是一例，在現在這個時代，這樣的詞彙真的會對身心障礙者造成歧視嗎？「生物界的歧視用語」這種說法，以及這個判斷本身皆令我感到疑惑。

　　幸好在昆蟲界還沒有太明顯的動作，至今仍然使用「盲眼塵芥蟲」這樣的名稱。可能也是因為這些昆蟲跟人類的生活不太有交集的緣故吧。遺憾的是，也有意見指出日本昆蟲學會應該變更不適切的昆蟲名稱，但我堅決反對。這涉及了幾個原因，但追根究柢，歧視並非寄生於辭彙本身，而是存在於遣詞用字者的心裡。不論使用何種辭彙，視情況而定，有時就會構成歧視，有時則相安無事。就算將「盲眼」改為「無眼」，若歧視視障者之人用了這個辭彙，也可能會讓「無眼」一詞三兩下就淪為歧視用語。若是盲眼塵芥蟲本尊提出抗議的話，倒還有話可說，日文名稱不過是針對生物特徵所使用的詞語罷了，卻遭有心人士神經質地高呼「廢除歧視用語！」，這樣不是顯得很可笑嗎？

　　似乎還有人覺得「命名時應該禁用這些詞彙」，反過來說，若無法使用於生物名稱的辭彙不斷流傳下來，我認為倒也挺有趣的。排除生物名稱中的歧視用語這種行為，讓我深深覺得只不過是在找碴挑語病。

（丸山宗利）

百變螳螂

到螳螂，應該會有很多人聯想到綠色或褐色，以及常見的大刀螳模樣吧。事實上，日本的螳螂也真的都長得大同小異，有固定的基本樣貌。然而，熱帶地區卻有很多深藏不露的螳螂，例如外型似花、似樹枝、似枯葉、

還有似青苔的螳螂。在熱帶，螳螂很容易被鳥類等捕食者盯上，再加上環境多元的緣故，所以會有各式各樣的擬態對象。而且可捕食的昆蟲種類也很豐富，或許螳螂就是為了鎖定特定的昆蟲，才會擬態融入獵物所棲息的特定環境也說

不定。其中，最有名的莫過於外觀型態似花的花螳螂，牠會停留於葉片或花朵上，捕食誤入陷阱的昆蟲。另外，最近的研究得知，螳螂能夠分泌吸引蜜蜂的物質，真可謂本領高強。

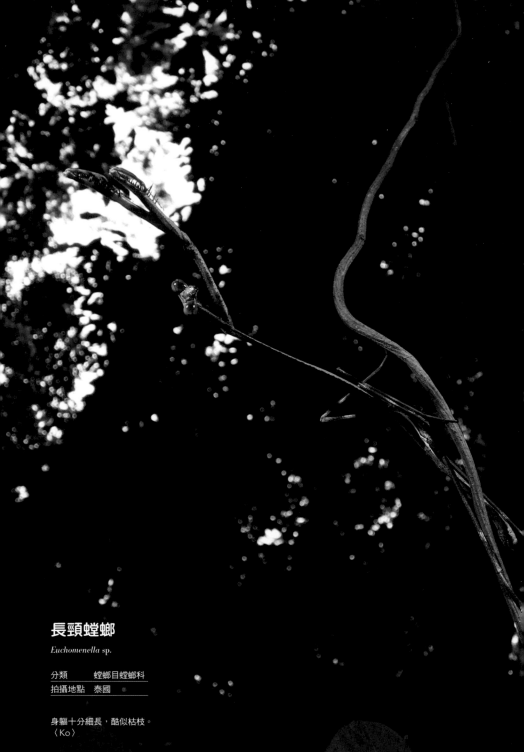

長頸螳螂

Euchomenella sp.

分類　　　螳螂目螳螂科
拍攝地點　泰國

身軀十分細長，酷似枯枝。
〈Ko〉

怒氣騰騰的模樣。
從背面看來神似枯
葉。〈Ko〉

菱背枯葉螳螂

Deroplatys lobata

分類　　螳螂目螳螂科
拍攝地點　馬來半島

非洲樹皮螳螂

Theopompella sp.

| 分類 | 螳螂目攀螳科 |
| 拍攝地點 | 喀麥隆 |

停在樹幹上吃著螞蟻。身軀十分扁平。〈Ko〉

細身苔蘚螳螂

Carrikerella sp.

| 分類 | 螳螂目苔蘚螳螂科 |
| 拍攝地點 | 祕魯 |

藏身於苔蘚中生活。〈Ko〉

魔王枯葉螳螂

Parablepharis kuhlii kuhlii

分類　　　螳螂目花螳螂科
拍攝地點　泰國

此乃十分罕見的稀有種，
氣宇非凡。〈Ko〉

瘦角奇葉螳螂

Ceratocrania macra

分類	螳螂目花螳螂科
拍攝地點	泰國

頭上長著小角。〈Ko〉

蘭花螳螂

Hymenopus coronatus

分類	螳螂目花螳螂科
拍攝地點	泰國

在花朵上靜候時機，捕食其
他昆蟲。〈Ko〉

眼斑螳螂

Creobroter sp.

分類	螳螂目花螳螂科
拍攝地點	泰國

背部有眼狀斑紋。〈Ko〉

擬態一把罩的螽斯

生死一瞬間、充滿
張力的捕食昆蟲場
景。〈Ko〉

斯是擬態高手。基本上，所有的

螽蟲

螽斯物種無時無刻都在偽裝。擬態對象多半為植物，舉凡樹葉、草、苔蘚，甚至是地衣都會模仿，種類可謂包羅萬象。牠們會這樣偽裝成植物，想當然爾就是為了混入植物群中，讓捕食者無從辨識。螽斯的擬態手法千變萬化，有些甚至還很精巧，尤其是南美的螽斯，擬態逼真度相當高，這應該是因為南美很多擬態昆蟲（偽裝成毒蟲等）幾

可亂真，捕食者的眼力也愈磨愈利，遭捕食的壓力比其他地域來得大的緣故吧。食蟲圓翅螽斯一族多見於中南美，各個擁有高強的偽裝本領。在白天要發現牠們的蹤跡是很困難的。夜間以手電筒映照樹葉時，就會發現明顯有格格不入之處，才總算能找到牠們。

食蟲圓翅螽斯

Cycloptera speculata

我就不該好

分類	直翅目螽斯科
	（以下相同）
拍攝地點	祕魯

相思樹露螽

Terpnistria zebrata

拍攝地點　肯亞

停留於相思樹上，身軀與
相思樹葉層層疊疊的模樣
十分相似。〈Ko〉

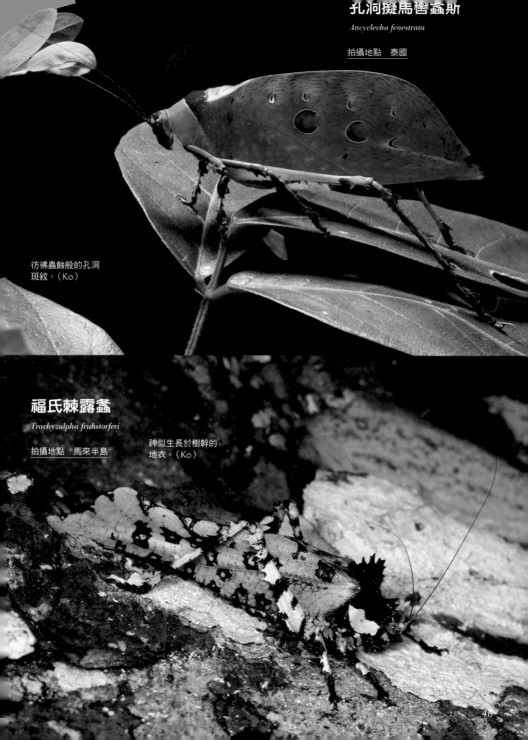

孔洞擬馬蟛蟴斯
Ancyclecha fenestrata

拍攝地點　泰國

彷彿蟲蝕般的孔洞
斑紋。〈Ko〉

福氏棘露螽
Trachyzulpha fruhstorferi

拍攝地點　馬來半島

神似生長於樹幹的
地衣。〈Ko〉

外貌近似樹葉，休息時身軀會變得扁平，與樹葉融為一體。〈Ko〉

擬葉螽斯的一種

Pseudophyllinae gen. sp.

拍攝地點　馬來半島

孔雀螽斯

Pterochroza ocellata

拍攝地點　祕魯

展翅時後翅會出現眼狀斑紋。〈Ko〉

與螳螂非親非故
毫無瓜葛的螳蛉

螳蛉隸屬於脈翅目，是完全變態的高等昆蟲。名字中雖然有「蛉」字，實際上蜻蛉卻是很原始的不完全變態昆蟲，與螳蛉根本扯不上邊。脈翅目中，有很多以毫不相關的昆蟲名稱來命名的物種，好比蝶角蛉或蟻蛉，而將此命名手法發揮到極致的就是本篇主角，螳蛉。當然，牠們與螳螂一點關係都沒有。不過，這個名稱也並非全然誤植，螳蛉的外型確實與螳螂相似，都長有一副鐮刀。基本上，螳蛉全身似蜂，但上半身卻像螳螂，實在是一種不可思議的昆蟲。螳蛉的生態也很另類，部分物種的幼蟲會寄生於蜘蛛的卵囊內。有些剛孵化的幼蟲會爬上蜘蛛背，等待蜘蛛產卵的機會。在泰國發現的蜂頭螳蛉與真蜂維妙維肖，而且體型巨大，威風凜凜。

在半沙漠地帶朝燈火飛來。體色似沙。〈Ko〉

沙漠螳蛉
Mantispidae gen. sp.

分類	脈翅目螳蛉科
	（以下相同）
拍攝地點	肯亞

大刀螳蛉

Climaciella magna

拍攝地點　日本

出現於晚夏的稀有種。〈Ko〉

我討厭你跟好
蜂頭螳蛉
Euclimacia sp.

拍攝地點　泰國

外觀與當地的長腳蜂真
的無比相似。〈Ko〉

南美姬螳蛉
Mantispidae gen. sp.

拍攝地點　祕魯

頸部很細長。〈Ko〉

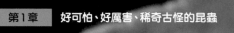

紅腰螳蛉

Mantispidae gen. sp.

拍攝地點　泰國

相當迷你，但十分美麗，
惹人憐愛。〈Ko〉

銅頭螳蛉

Euclimacia badia

拍攝地點　台灣

此物種也神似蜂類。體色
劇烈變異。〈Ko〉

我的心跳好

姬柄眼蠅
Sphyracephala detrahens

分類	雙翅目柄眼蠅科
	（以下相同）
拍攝地點	日本

真的很慶幸日本有這種
昆蟲分布！〈Ko〉

眼珠凸出的柄眼蠅

棲息於日本國內（八重山諸島）的姬
柄眼蠅臉部正面特寫。頭部宛如棒狀
延伸，左右兩端具有複眼。〈Ko〉

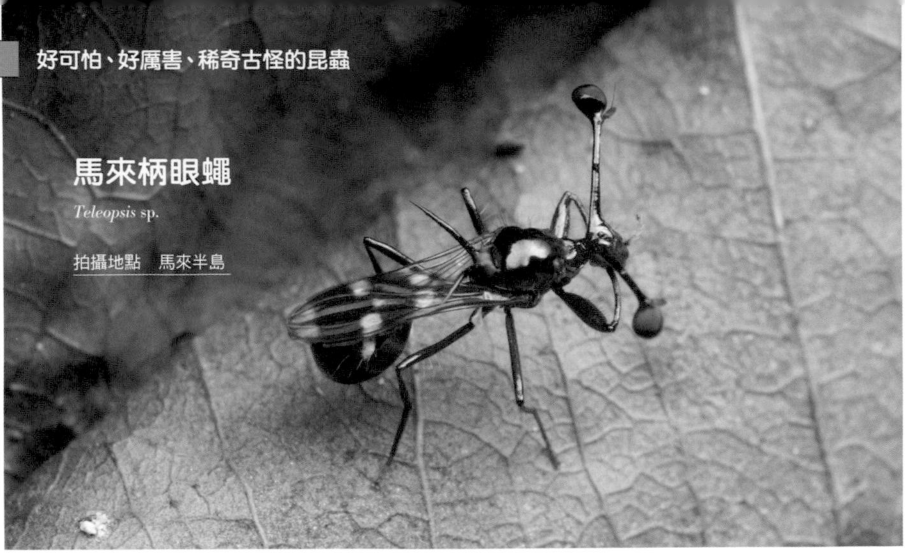

馬來柄眼蠅
Teleopsis sp.

拍攝地點　馬來半島

分布於河畔。〈Ko〉

肯亞曲柄眼蠅

Cyrtodiopsis sp.

拍攝地點　肯亞

體色風格比較低調成熟。〈Ko〉

柄眼蠅為知名的小型奇蟲。日文名稱為「撞木蠅」，撞木指的是用來敲鐘的丁字型木槌，此蟲因眼距超寬並呈現棒狀外觀而得其名。柄眼蠅的眼睛之所以會長成這樣是其來有自的，原因之一為，公蠅互相較勁時，眼睛分得愈開的才是贏家，才得以與母蠅交配。而母蠅也喜愛眼距超寬的公蠅。其中有

些物種眼睛實在分得太開，甚至令人覺得生活起來應該很不方便。日本的八重山諸島也有姬柄眼蠅這種體型小但很有看頭的物種存在。有這樣的奇蟲分布於日本，實在是一件很令人歡喜的事。若讀者們有機會造訪西表島，請看看溪流旁的樹葉或石頭表面，應該能夠輕易發現牠們的身影。

好痛！刺蛾幼蟲

形狀怪異，是否有毒
則不得而知。左下為
頭部。〈Ko〉

薄鬃刺蛾

Ceratonema sericeum

分類	鱗翅目刺蛾科
	（以下相同）
拍攝地點	日本

刺蛾幼蟲的一種

Limacodidae gen. sp.

拍攝地點　越南

顏色很像橡膠玩具。
〈Ko〉

我確很怕毛蟲，身為昆蟲學者這樣的身影，多半會讓我忍不住別開眼。雖然如此懼怕毛蟲，我卻比任何人都能更快找到牠們。可能是因為平常就隨時留意毛蟲的存在，以免誤觸的慣性使然吧。最令我敬而遠之、只敢遠觀的毛蟲，就是刺蛾幼蟲。牠們不但長著含有劇毒的刺棘，而且配色也很驚悚，彷彿藉此昭告世人自己有多不好惹般，能形成如此駭人的外觀也著實令我感到佩服。任何人一看到這個體色便知有毒，大部分的鳥類或蜥蜴無疑也會產生同樣的認知，因為刺蛾幼蟲的驚悚程度會直接刺激生物本能。拍攝於肯亞的幼蟲是我所發現的，體表外緣還周到地布滿了黯粉色圓點，「作工精細」的程度真令人咋舌。

刺蛾幼蟲的一種
Limacodidae gen. sp.

拍攝地點　印尼（爪哇島）

光看就覺得痛。〈Ko〉

天狗刺蛾
Microleon longipalpis

拍攝地點　日本

輕觸一下會發現非常
硬，宛如壓克力製品
般。〈Ko〉

我也10頑好

刺蛾幼蟲的一種

Limacodidae gen. sp.

拍攝地點　肯亞

長達5公分左右，就此物種而言算很巨型。配色大膽，驚悚指數破表。〈Ko〉

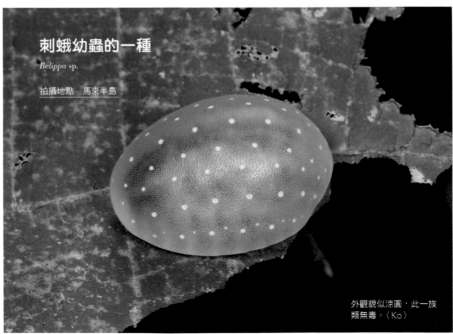

刺蛾幼蟲的一種

Belippa sp.

拍攝地點　馬來半島

外觀貌似涼圓，此一族類無毒。〈Ko〉

種名

蛇苔褥虻

Litoleptis japonica Imada & Kato, 2016

（鷸虻科）

發現者

今田弓女

京都大學研究所
人類・環境學研究科博士班三年級

本物種沒有蛇苔這種苔類便活不下去。成蟲體積小且不太會飛，出沒於蛇苔周圍。母蟲會在蛇苔葉狀體表面產卵，幼蟲則潛入蛇苔的葉狀體組織內部，並以此為食。在日本所發現的同屬物種，各自有其賴以維生的苔類，生態十分特別。本物種所屬的 *Litoleptis* 屬，全世界僅有 4 個物種，非常稀少，其生活史仍舊是個謎。我與京都大學的加藤真教授踏遍日本各地，發現了本屬的 6 個新種，並首度闡明其依附苔類生存的特異生活史。

會開始從事褥虻的研究實屬偶然。我從小就喜歡蛾類，進入京大就讀後，一開始是研究小翅蛾這種最原始的蛾類。日本的小翅蛾大多以蛇苔為食，我便同時採集幼蟲與蛇苔進行觀察，沒想到比小翅蛾提早好幾週從蛇苔中羽化而出的竟是小小的虻類。讀碩一時我發現，潛藏於苔類的虻群外觀雖然相似，觸角形狀卻隨著產地或幼蟲所取食的苔類而有所不同。我永遠忘不了這一天有多麼雀躍興奮，竟能有幸目睹尚無人知曉的虻類多樣性。當時對雙翅目

這個領域完全不了解，自學雙翅目的形態分類更是吃足了苦頭。當論文被接受時，才覺得自己總算踏出身為虻類研究者的第一步。

甫於蛇苔葉狀體產卵完畢的雌蛇苔褥虻。

種名

琉球長足透翅蛾
Teinotarsina aurantiaca Yagi, Hirowatari & Arita, 2016

（透翅蛾科）

發現者

屋宜禎央
九州大學研究所生物資源環境科學府
碩士班二年級

琉球長足透翅蛾（新命名）為展翅3公分左右、後腳修長，擬態蜂類的一種蛾類，隸屬於主要分布在熱帶亞洲的 *Teinotarsina* 屬。本物種於2015年由我在沖繩島發現。在日本採集到此屬物種還是頭一遭，相較於棲息在台灣或越南的近緣屬，色調更顯紅乃其特徵。當時完全沒預料到能發現這種透翅蛾，在昆蟲界引起了很大的話題。

原本我是為了採集微蛾這種幼蟲會潛藏於葉片中生活的蛾類，才前往沖繩島進行調查。調查過程中，偶然發現附近有類似蜂類的昆蟲飛來飛去。當我定睛凝視其慢慢飛行的姿態，倏地發現這分明就是以往未曾見過的透翅蛾，才急忙進行採集。當時正因為難以採集到微蛾而大感苦惱，能夠捕捉到一隻未知的透翅蛾，真的令我鬆了一口氣。採集後進行調查，果真如預想般是新種的透翅蛾，便決定開始動筆撰寫論文。

這是我第一次投稿學術雜誌，有很多要學的地方，比預期花了更多時間才完

成。然而，論文被接受、出版後，讓我深深感受到自己總算踏出身為研究者的第一步。

琉球長足透翅蛾

圖片／本人提供（2張皆是）

第2章

螞蟻、白蟻與牠們的共生者

渾身帶刺的棘蟻

以東南亞為主要繁殖地的蟻類一族中，有些體表光滑不帶刺，但大部分其實都具有棘刺，而且有的甚至全身布滿了奇形怪狀的棘刺。其中有長達1公分左右的大型蟻，也有散發著金色光澤的物種，這些都是道地的亞洲代表

性蟻類。日本有3個物種分布，從本州至九州皆可看見又名棘山蟻的棘蟻身影，棘山蟻同時也是生活於地球最北端的蟻類物種。棘山蟻會出現暫時寄生行為，新女王會掠奪紅胸弓背蟻或黑弓背蟻等弓背蟻屬的蟻窩，待自己成為女王

後，讓其他蟻族來養自己的孩子。由於沒有弓背蟻后的存在，棘山蟻的工蟻會逐漸增加，最後成為只剩棘山蟻的蟻窩。棘山蟻可算是世上數一數二極有個性的物種，遺憾的是，近年來日本全國的分布數量正逐漸減少中。

麥氏棘山蟻

Polyrhachis illaudata

分類	膜翅目蟻科
	（以下相同）
拍攝地點	新加坡

如絲綢般的金色光澤
十分柔美。〈Ko〉

雙鈎多棘蟻

Polyrhachis bihamata

拍攝地點　菲律賓

徒手捕捉時，棘刺會刺
入手指，很難拔出來。
〈Ko〉

阿瑪多棘蟻

Polyrhachis armata

拍攝地點　泰國

外型宛如熔岩般粗曠。
〈Ko〉

雙色多棘蟻

Polyrhachis bicolor

拍攝地點　馬來半島

體型嬌小可愛的物種。
〈Ko〉

刺棘山蟻
Polyrhachis lamellidens

拍攝地點　日本

日本與東亞的代表性
美麗物種。〈Ko〉

琉璃棘蟻
Polyrhachis cyaniventris

拍攝地點　菲律賓

藍色的螞蟻相當罕見
稀奇。〈Ko〉

不容小覷的螞蟻

君臨生態系頂點的，並非只有大型肉食性動物與猛禽類，螞蟻也是王者之一。尤其是南美行軍蟻或非洲矛蟻族類會捕食各種生物，築起幾十萬、幾百萬個蟻窩，數量之多笑傲群雄，本事一點都不遜色於肉食性動物。此外，當這些螞蟻大軍過境後，許多昆蟲與小型動物都會被吃乾抹淨，清潔溜溜。有一說認為，正因為有這些螞蟻定期將生物一掃而空，新的生物才得以進駐繁殖，森林的生物多樣性也因而得以延續。蟻類與蜂類算是同宗同源的親戚，許多物種都帶有毒針。行軍蟻也會螫人，不過名氣最響亮的是子彈蟻，會引發劇烈疼痛，絕非浪得虛名。

子彈蟻

Paraponera clavata

分類	膜翅目蟻科（以下相同）
拍攝地點	祕魯

被螫後會劇烈疼痛。根據筆者的經驗，剛開始5分鐘會痛到說不出話，過了3小時還是會陣陣抽痛。〈S〉

64

非洲矛蟻

Dorylus sp.

拍攝地點　喀麥隆

顎的攻擊力道強勁，被大型工蟻咬到時會破皮流血，是非洲的代表性兇猛蟻類。〈Ko〉

鬼針游蟻

Eciton burchellii

拍攝地點　祕魯

工蟻的數量很多，成群展開地毯式獵物搜索行動，只能以厲害來形容。〈S〉

彎鉤游蟻

Eciton hamatum

拍攝地點　法屬圭亞那

兵蟻為黃色，長相頗為滑稽，但若被其鉤狀大顎咬住會很難掙脫。〈S〉

守護巢穴的白蟻兵蟻

白蟻為社會性昆蟲，大多會集體蛀著頭角。行軍白蟻一族不會蛀蝕木頭，而是成群結隊地行走於地面，搜刮樹幹上的地衣運往巢穴再集體分食。行軍白蟻的外觀如螞蟻般為黑色。提到白蟻就會讓人直覺想到蛀蝕木造建築物的害蟲，不過就像此物種般，並非所有的白蟻都以木頭為食，大部分皆生活在與人類無緣的環境，在森林中擔任分解枯木的重要任務。另外，白蟻為蟑螂進化而來，目前被歸類於蟑螂一族。

蝕木頭並以此為食物。大部分的白蟻體型微小，可能不太有機會能夠仔細觀察牠們，不過放大來看會發現，牠們的外型其實很有趣。工蟻往往長得如出一轍，兵蟻則是每個物種都有不同的特色，有的具有長長的大顎，有的則長

在地下培植菇類並以此為食的白蟻。〈Ko〉

將內爾大白蟻

Macrotermes jeanneli

分類	蜚蠊目白蟻科（以下相同）
拍攝地點	肯亞

祕魯白蟻

Termes sp.

拍攝地點　祕魯

修長的大顎很美。〈Ko〉

尖角白蟻

Armitermes sp.

拍攝地點　祕魯

角與大顎皆很發達。
〈Ko〉

行軍白蟻

Hospitalitermes hospitalis

拍攝地點　馬來半島

集體出動搜刮地衣。
〈Ko〉

象白蟻

Nasutitermes sp.

拍攝地點　祕魯

分布於全球熱帶地區，每
種個體都長得很相似。
〈Ko〉

奇形怪狀的角蟬 〔中南美篇〕

中南美為角蟬寶庫，因為全球有許多角蟬僅棲息於中南美。當地不只物種繁多，而且外型相當多元，角往上長的、橫向發展的、往後延伸的，可謂多采多姿。尤其南美的角蟬，外型簡直超乎想像。本篇精選了我在中南美發現並成功拍攝的角蟬代表性物種，每個個體都相當具有特色。最令我感到開心的是木紋亮黑蛞蝓角蟬，猶記當時在法屬圭亞那看見牠朝著燈火飛來，讓我得以一睹其風采，體型非常龐大，是很稀有的物種，而且幾乎無人拍過其活著時的模樣。從正面看時覺得牠宛如惡魔，不過仔細觀察會發現牠的眼神其實很和善。

白緣膜冠角蟬

Membracis dorsata

分類	半翅目角蟬科
	（以下相同）
拍攝地點	哥斯大黎加

從遠處就很醒目，或許有毒。〈M〉

擬長腳蜂角蟬

Heteronotus delineatus

拍攝地點　法屬圭亞那

外觀與腹部細瘦的長腳蜂
相似。〈M〉

彎月角蟬

Cladonota apicalis

拍攝地點　哥斯大黎加

神似皺縮的枯葉。〈M〉

巴西角蟬

Bocydium globulare

拍攝地點　法屬圭亞那

舉世聞名，甚至不必多做
說明的珍奇昆蟲。〈M〉

我的10號球鞋

木紋亮黑
蛞蝓角蟬

Hemikyptha marginata

拍攝地點　法屬圭亞那

體型龐大，相當威武。體長超過20公釐。〈M〉

奇形怪狀的角蟬【東南亞篇】

儘管東南亞的角蟬多樣性比不過南美，還是有各種長得很有特色的角蟬棲息於亞洲，每種皆隸屬同一亞科（科的下一級單位），在系統上屬於近親。近親還能發展出這麼多不同的外觀，或許可稱之為多元。從非學術觀點來看，亞洲角蟬共同的特徵是各個都長得很可愛，這可能也是我身為亞洲人的偏心使然吧。亞洲的代表性角蟬「鹿角蟬」，應該是旗竿角蟬的親戚。鹿角蟬相當巨大，頭角分歧，酷勁十足。我曾在越南、佬沃採集到過，發現當時真的開心得不得了。也曾在爪哇島與其他稀有種失之交臂，記得當時大概沮喪失落了3週之久。

屈角蟬

Anchon pilosum

分類	半翅目角蟬科
	（以下相同）
拍攝地點	泰國

停留於豆科植物藤蔓近地面處，很難發現其身影。〈M〉

鹿角蟬

Elaphiceps neocervus

拍攝地點　越南

位於青剛櫟新芽上。〈M〉

黑旗竿角蟬

Hypsauchenia hardwickii

拍攝地點　越南

過著群體生活，圖為顧卵
中的景象。〈M〉

綠頭巾角蟬

Sipylus proteus

拍攝地點　柬埔寨

於吳哥窟遺跡內發現。
綠得很漂亮。〈M〉

周式角蟬

Choucentrus sinensis

拍攝地點　泰國

冬季時可在木莓上看見
成蟲身影。〈M〉

光柄行軍蟻
隱翅蟲

Mimaenictus wilsoni

分類　鞘翅目隱翅蟲科
　　　（以下相同）
拍攝地點　馬來半島

神似螞蟻的隱翅蟲

行軍蟻一族會定期移巢，此隱翅
蟲可見於光柄行軍蟻的移巢隊伍
中，兩者外觀十分相似，在野外
甚至難以做出區別。〈Ko〉

這是我最專精的昆蟲，隸屬於隱翅蟲科這個超過5萬物種的大甲蟲一族。隱翅蟲因長下翅隱藏於短上翅下方，故得此名。部分物種寄居於蟻巢，與螞蟻之間的淵源頗深。更有甚者，部分隱翅蟲的外觀肖似螞蟻，彷彿蟻巢成員般地生活。但牠們只是向螞蟻分一杯羹，並不會幫忙螞蟻工作。此一族群尤其稀有，很難採集。事實上，在野外牠們看來與螞蟻一模一樣，再加上十分微小，難以透過肉眼辨識。這些特色相當迷人，我也為此花費10年以上的時光，前往世界各地進行採集，直到最近總算蒐羅完主要物種。目前我正運用這些標本加緊研究，並陸續發現有趣的結果。腹部形狀宛如葫蘆的葫蘆隱翅蟲為世界馳名的珍奇昆蟲，而本書則是全球首度刊登葫蘆隱翅蟲生態照的書籍。

鬼針游蟻隱翅蟲

Ecitophya gracillima

拍攝地點　法屬圭亞那

與鬼針游蟻一同外出打獵，但
只負責偷吃打牙祭。〈Ko〉

修長隱翅蟲

Procantonnetia malayensis

拍攝地點　馬來半島

此物種也可見於光柄行軍蟻的移巢
隊伍中，有時也會如圖片所示，被
行軍蟻扛著走。〈Ko〉

葫蘆隱翅蟲
Rosciszewskia magnificus

拍攝地點　馬來半島

此物種僅見於多毛行軍蟻的
移巢隊伍中。〈Ko〉

圓背行軍蟻
隱翅蟲
Pseudomimeciton antennatum

拍攝地點　祕魯

此物種也會與蟻類一同外出打獵。〈Ko〉

健太郎黑帶
粗角步行蟲

Ceratoderus kentaroi

分類	鞘翅目步行蟲科
	（以下相同）
大小	體長4.5mm
採集地	越南

有很多相似的物種。〈M〉

亞子黑帶
粗角步行蟲

Ceratoderus akikoae

大小	體長4.6mm
採集地	越南

與日本的黑帶粗角步行蟲
為近親。〈M〉

我討厭10號哦

多田內星形
粗角步行蟲

Euplatyrhopalus tadauchii

大小	體長7.1mm
採集地	泰國

造型很美的觸角相當有
藝術感。〈M〉

馬來
粗角步行蟲

Paussus malayanus

大小	體長6mm
採集地	馬來半島

採集於馬來半島南部
原生林。〈M〉

變種
粗角步行蟲

Paussus drumonti

大小	體長3.8mm
採集地	泰國

類緣關係不明的變種。
〈M〉

正夫
粗角步行蟲

Paussus masaoi

大小	體長5.2mm
採集地	泰國

其實這也是很不尋常的
變種。〈M〉

泰拳
粗角步行蟲

Lebioderus thaianus

大小	體長6.8mm
採集地	泰國

這是我首次發表的新種
粗角步行蟲。〈M〉

粗角步行蟲因隆起的巨大觸角而得此名。牠們與蟻類同住，觸角似乎會分泌蟻類喜愛的物質，因此能借居於蟻巢內。這是我最喜歡的昆蟲，也是我的研究對象之一，外型稀奇古怪，酷勁十足，世上再也沒有如此性格的昆蟲了。本篇所展示的個體，皆為我所發表比擬。

的新種粗角步行蟲，可謂上上之選。尤其最讓我留下深刻記憶的是多田內星形粗角步行蟲，在泰國與緬甸國境邊界的森林吃了一番苦頭才完成採集。這是我首次採集到該屬物種，捕獲時的雀躍以及得知此乃新種時的歡欣之情真的無可

會變得圓滾滾的球金龜

2007年，我曾獨自一人待在馬來西亞的山上超過1個月。過程中，讓我能藉此調劑身心放鬆一下。此次的調查活動總共採集了19種球金龜，甚至創下單一定點採集種數的世界紀錄。表面有光澤的物種多半在日間活動，經常會在採集其他昆蟲時來個不期而遇。其中以紅彩巨球金龜為最，體積龐大而且十分亮麗，其學名為「宛如燃燒」之意。

日復一日都在尋覓借住於蟻巢的蟲類，同時也採集了各式各樣的昆蟲。某次，我發現只要一到夜晚就會有成群的球金龜貼附於白蟻窩周圍，於是，之後的每個晚上我都前往森林尋找球金龜。採集球金龜很有趣，在困難重重的蟻巢採集

阿戈斯蒂球金龜

Madrasostes agostii

分類	鞘翅目
	球金龜科
	（以下相同）
大小	體長5.5mm
採集地	馬來半島

P.86登場的圓滾滾球金龜就是此物種。〈M〉

真球金龜

Eusphaeropeltis sp.

大小	體長6.5mm
採集地	馬來半島

位於樹木上的白蟻窩內。〈M〉

馬來亞球金龜

Madrasostes malayanum

大小	體長3mm
採集地	馬來半島

體型微小，是相當罕見的稀有種。〈M〉

創始球金龜

Madrasostes hashimi

大小	體長5.5mm
採集地	馬來半島

筆者撰文發表的新種。〈M〉

凹疤球金龜

Madrasostes clypeale

大小	體長3.5mm
採集地	馬來半島

前胸背板遍布著點點圓洞。〈M〉

紅彩巨球金龜

Ebbrittoniella ignita

大小	體長7.5mm
採集地	馬來半島

筆者偶然在草上發現並成功採集的個體。〈M〉

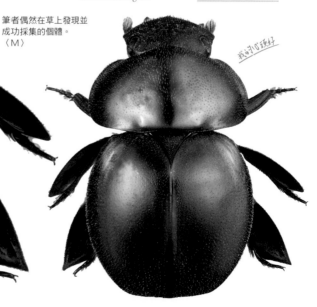

圓滾滾球金龜的變身祕密

縮得圓滾滾的球金龜，甚至連腳都密實收合，宛如一顆金屬球。此物種為 P.84 所介紹的阿戈斯蒂球金龜。〈S〉

解除圓球狀態後，腳會如同圖片所示般伸展開來。〈S〉

實際大小

阿戈斯蒂球金龜〈M〉

　球金龜正如其名，會變得圓滾滾的。此功能與鼠婦相似，不過球金龜的腳與頭部會收合得密實牢固，變身圓球的精密程度遠勝鼠婦。

　起初，其實我不太明白為何球金龜要變得圓滾滾的，也曾想過可能是為了抵擋借居處的白蟻攻擊，可是白蟻的攻擊能力不算高，如此大費周章似乎有防衛過當之嫌。然而，就在某個晚上，我目睹了肉食性的細頸針蟻成群攻入球金龜所借住的白蟻窩內。白蟻毫無招架之力，被細頸針蟻挾持擄走，球金龜則縮成圓球躲避，逃過了細頸針蟻的襲擊。

　這也讓我想到，球金龜之所以變得圓滾滾的理由，或許不是為了對付白蟻，而是在侵襲白蟻的蟻類來犯時防禦自保。也有球金龜住在沒有白蟻的環

就是這樣解除圓球狀態！

這是縮成圓球時的狀態。
從頭到腳密實收合的構造
充滿藝術感。〈S〉

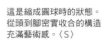

頭部稍微展開，觸角伸
出。彷彿從人孔蓋下方
窺視周遭的況味。
〈S〉

翻身

原本緊密收合的腳也伸
展開來，從球體一口氣
轉換為昆蟲外型的戲劇
性變化。〈S〉

翻過身來，恢復腳朝下的
姿勢後，彷彿拱肩縮背般
地爬行，模樣討喜可愛。
〈S〉

境，不過這些物種的棲息地周圍大多都
有很多蟻類出沒。球金龜縮成圓球狀時
會變得非常硬，就算拿小鑷子也很難撬
開，想必這招能對所有蟻類產生高度的
防禦效果吧。

縮成圓球很有一套的球金龜，其實
展開身軀時的立體構造也很完美，真的
是很酷的甲蟲。從很早以前就有變形機
器人這種兒童玩具，而球金龜就是真實
版的生物變形達人。

我的大發現！
令人歡喜的新種

種名

粗角乳白蟻
隱翅蟲

Coptotermocola clavicornis Kanao,
Eldredge & Maruyama, 2012

（隱翅蟲科）

發現者

金尾太輔
京都大學人類・環境學研究科
日本學術振興會特別研究員（PD）

隸屬鞘翅目隱翅蟲科的粗角乳白蟻隱翅蟲，是只能生活在白蟻巢，強烈依賴白蟻社會的喜白蟻性生物。

我從2010年開始著手喜白蟻性隱翅蟲的分類學研究，停留於馬來半島進行首次的野外調查之際採集到此物種。在那1個月內，我獨自一人在熱帶雨林分解倒木、挖土、土法煉鋼地進行調查，結果發現枯立巨木的表面存在著彷彿被塗上一層泥般的乳白蟻結構物。悄悄將此結構破壞後，驚見屁股拱到背面的乳白蟻隱翅蟲正慌慌張張地從白蟻群中鑽過的景象。回國後，將此物種與過去的文獻做對照，發現其形態特徵與任何已知物種皆不相符。再加上棍棒狀觸角與短腳非常獨特，與任何已知屬的特徵完全不吻合，因此判定是新屬新種。

喜白蟻性昆蟲一般來說個體數少，要有相當的耐心與毅力才採集得到。就算找到白蟻巢，花上大把時間仔細調查卻得不到半點成果的情況也是所在多有。得知捕獲的是世上只有自己知曉的未知種時，驚訝與喜悅的程度轉瞬凌駕過往的辛勞。開始進行研究至今已過6年，遇到新種或得到新知識時的興奮雀躍依然有增無減。

粗角乳白蟻隱翅蟲

喜蟻性生物與喜白蟻性生物

　　所謂的生物，皆具備了搾取或掠奪其他物種生命或養分的機制。最簡單易懂的掠奪就是捕食，比方說，兔子會被野狼或老鷹捕食，而野狼或老鷹體內也一定會有搾取其養分的寄生蟲存在。尤其是體型龐大而擁有大巢穴者，對其他生物來說可謂「巨大的資源」。其實，蟻類與白蟻巢內也有許多騙吃騙喝的搾取者借住。牠們會捕食巢穴內的幼蟲、偷吃蟻類的食物或吃掉蟻巢中的廢物。其中，有的物種甚至會以嘴對嘴的方式從蟻類口中騙過食物。學術上將這樣的物種稱之為喜蟻性生物或喜白蟻性生物。這種生物在昆蟲界歷經多次獨立進化，這正說明了蟻類或白蟻巢穴對其他生物而言，是多麼有吸引力的資源。

　　這些共生者當中，最多樣化的就屬隱翅蟲科的甲蟲，隱翅蟲科本身是超過5萬物種的大族群，其中，會寄居於蟻類或白蟻巢內者大概歷經100次以上（確切次數不明）的進化，其種數甚至高達數千種。這些物種與蟻類或白蟻的關係也不盡相同，大多數物種會與蟻類形成一種宿主關係，有的在巢穴內巧妙地瞞過蟻類或白蟻過生活，有的則是模仿宿主，讓宿主將其視為巢中一員。

　　另外，不入住集內卻與蟻類有強力連結的昆蟲也不少。其代表性昆蟲為蚜蟲或角蟬這種「營養共生者」。這些昆蟲會吸取植物的汁液，排出多餘的糖分。而這種「甜味尿液」正是蟻類的最愛，蟻類從這些昆蟲身上獲取糖分，守護牠們免受蜘蛛等天敵攻擊作為回報。此外，大部分的角蟬從幼蟲時代便與蟻類建構起這樣的關係，部分物種成為成蟲後，仍舊與蟻類維持這種往來。

（丸山宗利）

三刺角蟬幼蟲與近身守護的黃猄蟻。〈M〉

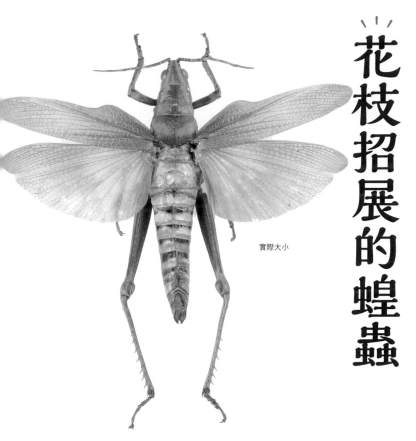

花枝招展的蝗蟲

實際大小

巨型多彩蝗蟲

Poekilocerus pictus

分類	直翅目負蝗科
大小	體長70mm
採集地	印度

彷彿塗了油漆般的
繽紛體色。〈Ko〉

90

提到蝗蟲，總給人和平主義者的印象，難逃被外敵生吞活剝的下場。不過，場景換到熱帶這種捕食者眾多的險峻環境時，就會發現蝗蟲身懷各式各樣的對抗招式。其中一招就是體內含毒或釋放難聞的物質，擊退曾以蝗蟲祭過五臟廟的捕食者。造訪熱帶地區若發現長得花枝招展的蝗蟲，八九不離十吧。綠疣胸蝗蟲一族會從胸部釋放含有氫氰酸的氣泡，完全就是狠角色，應該也有僅下翅特別鮮豔的物種，在逃命飛走時或被敵人啄擊時才會展翅恫嚇對方，宣示自己身懷劇毒，這應該是因為都是帶著這樣的「意圖」過日子。其中如果平常外型就十分招搖，飢餓的捕食者會更喜歡去捉弄、啄擊牠們的緣故會讓很多外敵記住這個傢伙可不好惹。

林奈疣胸蝗蟲

Rutidoderes squarrosus

分類	直翅目負蝗科
大小	體長53mm
採集地	象牙海岸

實際大小

活著時，軀體與上翅為鮮綠色。〈Ko〉

紅黑蝗蟲

Chromacris sp.

分類	直翅目花癩蝗科
大小	體長40mm
採集地	祕魯

實際大小

黑色的身體擺明了就是有毒。〈Ko〉

點紋疣胸蝗蟲

Phymateus morbillosus

分類	直翅目負蝗科
大小	體長52mm
採集地	史瓦帝尼王國

宛如點狀花紋和服般的
風格。〈Ko〉

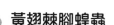

實際大小

應該會利用後腳棘刺反擊
敵人吧。〈Ko〉

黃翅棘腳蝗蟲

Aeolacris caternaultii

分類	直翅目花癩蝗科
大小	體長80mm
採集地	法屬圭亞那

實際大小

墨西哥
紅下翅蝗蟲

Taeniopoda auricornis

分類	直翅目花癩蝗科
大小	體長41mm
採集地	墨西哥

遭敵人襲擊時，會露出下翅
嚇退敵人。〈Ko〉

實際大小

92

我的心臟好

綠疣胸蝗蟲

Phymateus viridipes

分類	直翅目負蝗科
大小	體長72mm
採集地	薩伊

彷彿晚霞般的下翅十分
柔美。〈Ko〉

實際大小

巴拿馬紅下翅蝗蟲

Taeniopoda sp.

分類	直翅目花癩蝗科
大小	體長62mm
採集地	巴拿馬

粉桃色的下翅極為
嬌美。〈Ko〉

實際大小

外型亮麗的蟬

放眼全球，大部分的蟬都長著透明的翅膀。不過前往東南亞則會大感驚訝，因為這裡有長著各種顏色翅膀的蟬。這些蟬可說是異類，畢竟東南亞也是以透明翅膀的蟬為大宗。為何這些蟬會具有那樣的翅膀呢？我想牠們的體內皆含毒，並藉由鮮豔的翅膀昭告鳥類等外敵。另外，也有外觀神似斑蛾這種有毒蛾類的蟬，有可能是擬態斑蛾演變而來的。要採集這些蟬很有難度，尤其是星紋姬黑蟬，失敗好幾次才終於成功捕獲，令我留下深刻回憶。

星紋姬黑蟬

Ambragaeana ambra

大小	展翅88mm
採集地	泰國

會在灌木上邊鳴叫邊移動，
習性很特別。〈Ko〉

實際大小

慶斑蟬

Gaeana festiva

大小	展翅78mm
採集地	馬來半島

在當地似乎很普通，但筆者
未曾自行發現過。〈Ko〉

實際大小

華麗篤蟬

Tosena splendida

分類	半翅目蟬科
	（以下相同）
大小	展翅120mm
採集地	泰國

下翅的淡藍色很唯美。
〈Ko〉

實際大小

泰國姬紅油蟬

Tosena dives

大小	展翅85mm
採集地	泰國

體色看起來就是不好惹的樣子。〈Ko〉

實際大小

慶斑蟬

Gaeana festiva

大小	展翅82mm
採集地	泰國

與上一頁的慶斑蟬為同種，產生地域變異。〈Ko〉

實際大小

黃綠熊蟬

Salvazana imperialis

大小	展翅125mm
採集地	泰國

通常下翅為綠色，這裡展示的紅色個體相當罕見。〈Ko〉

實際大小

程氏
網翅蟬

Polyneura cheni

大小	展翅105mm
採集地	中國

上翅有細緻的網狀斑紋。
〈Ko〉

實際大小

綠翅蟬

Trengganua sibylla

大小	展翅105mm
採集地	馬來半島

活著時，翅膀的根部為
柔美的綠色。〈Ko〉

實際大小

小小時尚家・葉蟬

葉蟬是角蟬的遠親。相較於角蟬的外觀，葉蟬更像是蟬的縮小版，不過兩者其實與蟬都沒有太深的淵源。日本也有很多葉蟬棲息，無論哪一個物種，活著時的樣貌都十分美麗。儘管外型不如同屬半翅目的蠟蟬來得有震撼力，不少物種一身討喜可愛的色調與斑紋，甚至可以直接沿用設計成服飾。尤其在熱帶，身形美麗的物種很搶眼，經常可以看到牠們在草上休息的身影。我所喜愛的紅藍姬葉蟬屬於姬葉蟬一族，在日本也有很多美麗的物種，每種皆未滿5公釐，非常迷你，卻能形成如此細緻又複雜的斑紋，真的很不可思議。

黃緣紅姬葉蟬

Typhlocybinae gen. sp.

分類	半翅目葉蟬科
	（以下相同）
拍攝地點	祕魯

色調好似古早兒童和服。〈Ko〉

讓人想到李小龍的
連身衣。〈Ko〉

黃條紋大葉蟬

Fusigonalia sp.

拍攝地點　祕魯

黑條紋大葉蟬
Tettigoniella sp.

拍攝地點　喀麥隆

黑色條紋看起來很時尚。〈Ko〉

紅藍姬葉蟬 我覺得心臟好
Typhlocybinae gen. sp.

拍攝地點　祕魯

完全就是明豔高彩度！〈Ko〉

五色大葉蟬
Erythrogonia sp.

拍攝地點　祕魯

體色走低調風，但其實
色彩豐富。〈Ko〉

斑紋綠首葉蟬
Iassinae gen. sp.

拍攝地點　法屬圭亞那

此族類外型短短胖胖的，
很可愛。〈Ko〉

丹那沙林
蠟蟬

Pyrops karenius

分類	半翅目蠟蟬科
	（以下相同）
大小	展翅85mm
採集地	泰國

分布地很少的稀有種。〈Ko〉

實際大小

實際大小

弧頭蠟蟬

Pyrops spinolae

大小	展翅78mm
採集地	泰國

有很多相似的物種。
〈Ko〉

淡色蠟蟬
（橙色）

Pyrops lathburii

大小	展翅75mm
採集地	泰國

也有下翅為白色與黃色
的物種，這裡展示的橙
色種非常稀有。〈Ko〉

實際大小

宛如水彩畫的蠟蟬〔亞洲篇〕

棍棒蠟蟬

Pyrops clavatus

大小	展翅75mm
採集地	泰國

好似「鼻子」的部分隆起，相當厚實。〈Ko〉

實際大小

雜色豹紋蠟蟬

Penthicodes variegata

大小	展翅55mm
採集地	泰國

實際大小

近親相當多，斑紋與色調各異。〈Ko〉

寶石錐頭蠟蟬

Saiva gemmata

大小	展翅50mm
採集地	泰國

實際大小

體型小但十分美麗。泰國北部還有外型比較樸素的同屬物種。〈Ko〉

黑紋小角蠟蟬

Kalidasa nigromaculata

大小	展翅50mm
採集地	泰國

曾看過此物種成群集結於樹幹下方。〈Ko〉

實際大小

採集蠟蟬其實很不容易。牠們大多有偏好的樹種，能否找到該樹全憑運氣，若能在一次的採集活動中發現一棵牠們所棲息的樹就算很成功了。不過，當地人民對於蠟蟬的分布區域知之甚詳，所以通常會請他們帶路。若樹木狀態良好，一棵樹上會有幾十隻蠟蟬停駐。然而，蠟蟬生性十分敏感，在套網之前便做鳥獸散的情況不少，因此不動聲色地緩緩蓋下捕蟲網以免蠟蟬有所警覺，是相當關鍵的捕捉要點。此外，先於日間掌握其棲息地點，夜間再行捕捉也是一個辦法。蠟蟬在夜間無法發揮視力功能，如果所在位置不高，伸手便能夠捕獲。本篇所介紹的圖片，皆為我在泰國採集的物種。淡色蠟蟬的橙色種相當罕見，採集幾十隻也不見得會遇到一隻，可謂彌足珍貴。

宛如水彩畫的蠟蟬〔南美篇〕

實際大小

南美提燈蠟蟬

Fulgora laternaria

分類	半翅目蠟蟬科（以下相同）
大小	展翅145mm
採集地	祕魯

舉世聞名的奇蟲。〈Ko〉

紅耳圓點蠟蟬

Diareusa imitatrix

大小	展翅67mm
採集地	祕魯

下翅彷彿可愛的圓點裙。〈Ko〉

　南美的蠟蟬有種立體美。南美提燈蠟蟬是全球馳名的珍奇昆蟲之一，有的蠟蟬外貌甚至像龍臉或鋸鯊臉。本篇沒有介紹的孔雀蠟蟬一族，腹部則具有長條蠟狀突起，只能說每個物種的外型都很不可思議。而造成這些奇特外觀的原因，至今尚待釐清。不消說，南美的蠟蟬翅膀斑紋也很華麗，與亞洲所呈現的感覺相當不同，這點很難透過言語解釋清楚，總之就是會令人感受到深具南美風格的強烈個性美。尤其是鋸蠟蟬，不只外型極端，連斑紋都很驚人。

我討厭你啦好

鋸蠟蟬

Cathedra serrata

大小	展翅93mm
採集地	祕魯

不久之前仍被視為極為罕見的珍奇昆蟲，在拍賣會上高價成交。〈Ko〉

龍顏蠟蟬

Phrictus regalis

大小	展翅77mm
採集地	祕魯

頭部的突起部分肖似龍鼻。〈Ko〉

綠龍顏蠟蟬

Phrictus diadema

大小	展翅60mm
採集地	巴西

翅膀顏色為綠迷彩色。〈Ko〉

紅圓臉蠟蟬

Amantia peruviana

大小	展翅72mm
採集地	祕魯

外型短胖又圓圓的。〈Ko〉

棕長翅蠟蟬

Aracynthus sanguineus

大小	展翅90mm
採集地	法屬圭亞那

貌似蟬，其實是蠟蟬。〈Ko〉

美美的蟑螂

肯亞穴蟑螂

Nocticola sp.

分類	蜚蠊目穴蜚蠊科
拍攝地點	肯亞

生活於地下空穴內。
〈Ko〉

提到蟑螂，有些人光是聽到名字就會起雞皮疙瘩，深感厭惡、排斥的人似乎也不在少數。不過看到蟑螂會驚慌失措，大多是因為孩提時代受到潛移默化的影響所導致的。畢竟蟑螂並沒有毒，儘管多少有點髒，實際上卻是無害之蟲。世界上有超過4400種的蟑螂，其中99％住在與人類生活無關的森林裡。站在這些蟑螂的立場來看，牠們應該會覺得討厭蟑螂是你們的事，總之我們井水不犯河水、各過各的就好吧。

自然界中有長得格外美麗的蟑螂，甚至還有綻放金屬光澤的物種存在。當然，出沒於家中的蟑螂亦然，捨棄先入為主的成見仔細觀察，會發現牠們其實具備生物該有的完整美感。假如蟑螂平時就將人類行為看在眼裡的話，或許會暗自嘲笑人類不化妝或不刮鬍子就不敢出門的現象呢！

螢火蟑螂

Paratropes sp.

分類	蜚蠊目姬蜚蠊科
拍攝地點	祕魯

外貌與有毒的螢火蟲相似，
具有發光般的紋路。〈Ko〉

馬來網紋蟑螂

Onychostylus sp.

分類	蜚蠊目姬蜚蠊科
拍攝地點	馬來半島

停駐於草上。〈Ko〉

我討厭蟑螂

四星琉璃蟑螂

Eucorydia sp.

分類	蜚蠊目
	隆背蜚蠊科
拍攝地點	泰國

會綻放藍色金屬光澤的
美麗物種。〈Ko〉

六紋斑點蟑螂

Sundablatta sexpunctata

| 分類 | 蜚蠊目姬蜚蠊科 |
| 拍攝地點 | 馬來半島 |

棲息於朽木表面。〈S〉

黑與白的成熟裝扮。
〈Ko〉

白邊
粗角蟑螂

Hemithyrsocera histrio

| 分類 | 蜚蠊目姬蜚蠊科 |
| 拍攝地點 | 馬來半島 |

廣泛分布於日本境內。〈Ko〉

袖珍熊蜂

Bombus ardens ardens

分類	膜翅目蜜蜂科
	（以下相同）
拍攝地點	日本

印度支那熊蜂

Bombus sp.

拍攝地點	泰國

僅見於高海拔地區。
〈Ko〉

白色體毛很可愛。〈Ko〉

擬灰熊蜂

Bombus pseudobaicalensis

拍攝地點 日本

有許多類似物種。〈Ko〉

斯氏熊蜂

Bombus schrencki

拍攝地點 日本

熊蜂全身被柔軟纖長的體毛包覆，是一種活似絨毛玩偶的蜂類，其真實觸感也是蓬鬆鬆軟綿綿。只不過熊蜂與其他蜂類一樣，女王蜂與工蜂都有毒刺，被螫到會劇烈疼痛。至於雄蜂則不會螫人，是孩子的好玩伴。東京部分地區將雄蜂稱之為「來朋（らいぽん）」，會用繩子套住雄蜂放飛玩耍。

絕大部分的熊蜂物種性喜冷涼氣候，在日本的山岳地帶與北海道有相當多的物種分布。少部分物種的分布地區直達南端，即便是東南亞，也能在高海拔地區看見為數稀少的獨特物種。無論哪一種皆扮演傳播花粉的要角，部分物種則被用來從事番茄的溫室栽培。近年來，溫室栽培用的外來種西洋大熊蜂野生化威脅到原生種的存活，成為一大問題。

美豔動人的長舌蜂

長舌蜂是南美固有蜂類的同族，正如其名，相當於「舌頭」部位的口器非常長。長舌蜂一族與蘭花的關係深遠，為了吸取位於蘭花柱狀處底端的花蜜，口器才會進化成如此修長的狀態。擁有獨特生態的長舌蜂，外貌也很出色美麗，許多物種皆具有金屬光澤，或綠或藍，有的甚至呈紅色。圖片中的4種長舌蜂皆拍攝於法屬圭亞那。由於長舌蜂會被西式糕點所使用的香草精，或能緩解肩膀痠痛的水楊酸甲酯吸引，所以攝影當天我將這些物質塗抹於樹上，引牠們前來，幸運獲得了按下快門的機會。藍色物種尤其美麗，讓我大為感動。

綠長舌蜂

Euglossa sp.

分類	膜翅目蜜蜂科
	（以下相同）
拍攝地點	法屬圭亞那

這隻也是被藥物成分吸引過來的。雄蜂似乎會收集這些物質來代替費洛蒙。〈M〉

琉璃長舌蜂

Euglossa sp.

拍攝地點　法屬圭亞那

被塗抹於樹幹的水楊酸甲酯成分吸引過來的。發出藍光的模樣令人讚嘆。〈M〉

盯梢長舌蜂

Exaerete sp.

拍攝地點　法屬圭亞那

此為體型巨大的物種，約有3公分。寄生於其他長舌蜂巢內〈M〉

姬綠長舌蜂

Euglossa sp.

採集地　法屬圭亞那

屬於未滿1公分的小型種，被香草精吸引而至。〈Ko〉

成熟的配色。
〈Ko〉

實際大小

弧曲蜆蝶

Ancyluris meliboeus

大小	展翅38mm
採集地	祕魯

看起來白色的部分
其實是透明的。
〈Ko〉

實際大小

紅臀鳳蜆蝶

Chorinea sylphina

大小	展翅33mm
採集地	祕魯

阿波羅琴蜆蝶

Lyropteryx apollonia

分類	鱗翅目蜆蝶科
	（以下相同）
大小	展翅40mm
採集地	祕魯

實際大小

明豔高彩度蜆蝶

放射狀條紋相當
細緻。〈Ko〉

蜆蝶是棲息於熱帶地區的蝶類一族，南美更是其大本營。看到這些嬌小美麗的蝶類就會覺得真的來到南美了。尤其是紫松蜆蝶與其同類，體積小卻美輪美奐宛如珠寶一般。然而，其習性卻與外貌大相逕庭，專挑重口味的食物來吃，熱愛穢物。我曾目睹牠們群聚於蝙蝠屍體、腐爛的魚內臟、肉食動

實際大小

從圖片可能看不太出來，不過下翅有隆起的銀色紋路，充滿立體感。〈Ko〉

三尾鬚緣蜆蝶

Helicopis cupido

大小	展翅42mm
採集地	巴西

體色彷彿法國國旗。〈Ko〉

紅綠曲蜆蝶

Ancyluris formosissima

大小	展翅43mm
採集地	巴西

我對10頭就好

紫松蜆蝶

Rhetus dysonii

大小	展翅35mm
採集地	哥倫比亞

實際大小

嬌小可愛。〈Ko〉

物的糞便等發出惡臭的物體上吸食汁液的畫面。不知是何緣故，南美許多美麗蜆蝶皆熱愛穢物，即便如此還是無損牠們的美麗，該說是出淤泥而不染嗎？

巨球背象鼻蟲

Macrocyrtus sp.

分類	鞘翅目
	象鼻蟲科
	（以下相同）
大小	體長17mm
採集地	呂宋島

具有美麗的金屬光澤斑紋。本篇所刊登的球背象鼻蟲皆產自菲律賓。〈M〉

青春球背象鼻蟲

Pachyrhynchus postpubescens

大小	體長15mm
採集地	民答那峨島

相似的物種相當多。〈M〉

巴納豪
球背象鼻蟲

Pachyrhynchus loheri psittaculus

大小	體長19mm
採集地	呂宋島

只分布於巴納豪山周圍。〈M〉

球背象鼻蟲以菲律賓的各座島嶼為主要棲息地，每個地區所分布的物種不同，紋路特徵也多有變化。未知物種為數眾多，造訪處女地就會發現許多未曾見過的種類。而且每個物種都美

不勝收，讓人忍不住想收藏，魅力遠勝其他昆蟲。目前我也很迷球背象鼻蟲，興致盎然地造訪菲律賓各地蒐集未曾見過的物種。球背象鼻蟲的斑紋甚至可以直接拿來設計成服飾或和服的圖案，再

不然也很適合做成指甲彩繪，牠們的紋路就是如此完美而且極富巧思。今後還會發現什麼樣的球背象鼻蟲呢？著實令我滿懷期待。

璀璨
球背象鼻蟲

Pachyrhynchus gloriosus

大小	體長16mm
採集地	呂宋島

斑紋產生很大的變異。
〈M〉

圓紋
球背象鼻蟲

Eupachyrhynchus sp.

大小	體長16mm
採集地	呂宋島

腳很長，身軀渾圓。身上的圖案似花。〈M〉

松樹球背象鼻蟲

Pachyrhynchus pinorum dimidiatus

大小	體長22mm
採集地	呂宋島

據說會集結於松樹上。
〈M〉

實際大小

包含寶石金龜在內的寶石金龜屬物種多半為綠色，帶有金屬光澤的物種並不多。不過，即使沒有金屬光澤的加持，又大又圓的身軀也散發出有別於其他金龜的魅力。本篇集結了過去不太有書籍刊載，較為稀有的物種來做介紹。全身散發金屬光澤或擁有部分金屬光澤的只有一種，其餘的是沒有金屬光澤的物種，也就是說，這些物種雖然與寶石金龜同族，色調卻很「沉穩」，不過每一種都獨具魅力，尤其是金襴寶石金龜更是我的心頭好。其中有3種金龜只分布於特定地區，相當珍貴，交易價格甚至高達數萬日幣，各位讀者看得出來哪幾隻是稀有種嗎？（答案揭曉於下一頁最下方）。

實際大小

金襴寶石金龜

Chrysina cunninghami

分類	鞘翅目金龜子科
	（以下相同）
大小	體長40mm
採集地	巴拿馬

分布於巴拿馬特定地區。彷彿金線織成的斑紋相當出色。〈M〉

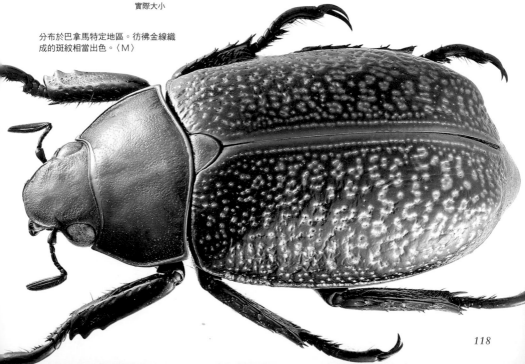

寬寶石金龜
（粉桃色）

Chrysina modesta

大小	體長35mm
採集地	墨西哥

身軀粗短龐大。〈M〉

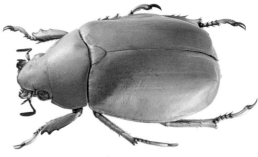

銀邊寶石金龜

Chrysina auropunctata

大小	體長35mm
採集地	瓜地馬拉

只有翅膀外緣會像鏡子般
發出銀光。〈M〉

金紋
寶石金龜

Chrysina spectabilis

大小	體長39mm
採集地	宏都拉斯

翅膀上的每一個點點都
被金色填滿。〈M〉

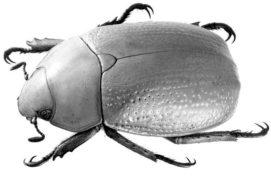

粉紫寶石金龜

Chrysina purulhensis

大小	體長32mm
採集地	瓜地馬拉

粉紫色的模樣俏皮可愛。〈M〉

金銀寶石金龜（赤金色）

Chrysina chrysargyrea

一般為銀色，但也
有像這樣混合了紅
色與金色的物種。
〈M〉

大小	體長30mm
採集地	哥斯大黎加

　答案：金襴寶石金龜、銀邊寶石金龜、粉紫寶石金龜。

宛如胸針的龜金花蟲

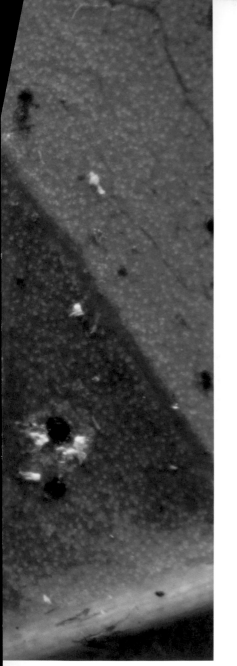

很不可思議的外觀。〈Ko〉

金花蟲是以植物為食的甲蟲一族，不知道是不是因為體內含有苦澀物質或毒素，還是刻意高調地強調這一點，許多物種都有著鮮豔的色彩。而龜金花蟲一族會緊緊貼附在葉面上，因此外觀看起來相當薄，並宛如其名能像烏龜那樣將腳藏在身體內側。體型小卻有

很多美麗的物種，就像寶石般亮眼。只不過，這些鮮豔體色僅限於活著的時候，死亡後水分會蒸發，綠色會褪成黃色，金色則變成暗沉的褐色。假如製成標本還能保留原本的體色的話，那恐怕一定會成為收藏家眼中的人氣昆蟲吧。不過對龜金花蟲本身來說，無法保留體

色這點反而是因禍得福也說不定。日本也有以櫻花葉為食的背紋陣笠金花蟲，以及貼附於旋花的陣笠金花蟲等美麗物種棲息於日常環境中，大家不妨尋找看看。

120

圓金陣笠金花蟲

Plagiometriona sp.

分類	鞘翅目金花蟲科（以下相同）
拍攝地點	法屬圭亞那

鏍鈿龜金花蟲

Cassida sp.

拍攝地點　肯亞

宛如鏍鈿鑲嵌藝術般。
〈Ko〉

獨眼陣笠
金花蟲

Ischnocodia annulus

拍攝地點　祕魯

斑紋彷彿獨眼小僧的
笑臉。〈Ko〉

背紋陣笠
金花蟲

Cassida versicolor

拍攝地點 日本

常見於櫻花葉上。
〈Ko〉

蛋白石龜
金花蟲

Cassida sp.

拍攝地點 喀麥隆

光亮色澤好比蛋白石。
〈Ko〉

種名

擬消光
粗角隱翅蟲

Aleochara segregata Yamamoto & Maruyama, 2012

（隱翅蟲科）

發現者

山本周平

九州大學研究所 生物資源環境科學府
博士班三年級

擬消光粗角隱翅蟲

占了已知生物物種一半以上數量的昆蟲類非常多種多樣，然而，能適應海濱環境的物種卻極為稀少，據悉，鹽分與乾燥是讓昆蟲難以存活的主要因素。大學時代我所研究的正是分布於海濱，被稱為隱翅蟲的甲蟲一族。

消光粗角隱翅蟲一族棲息於海岸，會捕食漂流上岸的海藻所滋生的蠅類。我的野外調查從北海道到沖繩遍及日本全國，並從博物館借來大量的標本研究，結果發現日本有5種海濱隱翅蟲分布，其中包含了3種新種。此研究貌似無趣，過程卻相當有意思。以往只知道有3種近緣種分布於北美大陸、2種在歐洲，東亞也有2

種。透過此研究發現，日本才是全球擁有最多消光粗角隱翅蟲類多樣性的地區。

此外，上至北海道下至九州十分常見的消光粗角隱翅蟲類，居然出乎意料地包含了2種新種，我將其中一種命名為新種擬消光粗角隱翅蟲並提出發表。直到現在，只要到附近海岸我還是會忍不住挖開海藻找尋新種。我的這篇論文被刊登於動物分類學的專門雜誌Zootaxa，還被知名的英國新聞媒體衛報做了一番介紹，對研究者而言真是天大的福報。

種名

紅腹細黑叩頭蟲

Ampedus (Ampedus) shiratoriensis Arimoto, 2013

（叩頭蟲科）

發現者

有本晃一

九州大學研究所 生物資源環境科學府
博士班三年級

大學生活邁入第三個冬季，我在熊本縣山上的巨大連香樹中，發現了未曾相識的昆蟲。這是我人生中第一次發現新種。

叩頭蟲隸屬於棲息環境多元，遍及海濱與高山的甲蟲一族。我造訪了許多地方，動用各式各樣的採集法來收集叩頭蟲。大學時代我將心力傾注於冬季的腐木剝剖採集。昆蟲採集往往會令人聯想到夏季，其實冬季會有許多昆蟲為了過冬而群聚於朽木內或樹皮下，是發現稀有種千載難逢的機會。就在我持續進行這項活動的過程中，在經常前往採集昆蟲的山裡發現了不知名的叩頭蟲。

調查此蟲的來歷花費了相當多的時間，在下一個冬季來臨時，我確信這的確是新種。為了追加個體數，便持續進行調查，得知此蟲也廣泛分布於福岡縣、大分縣、宮崎縣、鹿兒島縣。翌年，終於為此蟲命名，並寫成論文發表。此新種就存在

於自己所居住的日本、縣內、曾去過的山中，而且是由自己所發現並加以命名的。能與近在咫尺的未知生物來個機緣巧遇，除了既驚又喜之外，過程更是有趣非凡。

我不曾在春天與夏季看過此蟲的身影。平常牠們究竟身在何處做些什麼，至今尚無人知曉。哦，只能說探索未知事物實在太令人著迷了！

紅腹細黑叩頭蟲

圖片／本人提供（2張皆是）

2016年拍攝於肯亞調查活動

種名

葫蘆白蟻金龜

Eocorythoderus incredibilis Maruyama, 2012

（金龜子科）

發現者

丸山宗利
九州大學綜合研究博物館

2012年的柬埔寨調查收穫頗豐。這一年我還成功採集了盲眼微型白蟻糞金龜這種世界上最小的金龜（詳見P.32），此項收種也同樣令我大為歡喜與感動。而在2015年，攻讀研究所的柿添同學也在此地採集了同屬的大型新種（維納斯盲眼白蟻金龜，詳見P.36），而且該巢穴正好就是我採集到葫蘆白蟻金龜之處，當時我卻與其失之交臂，讓我滿是後悔，要是當初能更加留意的話，就能搶先一步採集了。是說，已承蒙上天連番眷顧了還這麼想，是不是太貪心了點？

在音樂家知久壽燒先生的帶領下，前往其所熟知的吳哥窟一帶採集角蟬，就在最後一天，我試著挖開白蟻巢尋寶。

我將蟻巢移平，挖出培植菇類的「白蟻田（菌園）」，尋找借居於此的甲蟲不經意看見白蟻叼著某種黑色物體。此時我靈光乍現，這應該是棲息於非洲或印度的白蟻金龜族Corythoderini的同類吧!?

這簡直就是平地一聲雷。因為我完全沒想到與印度相距十萬八千里的柬埔寨，居然會有此物種分布。而且在這之前，我把舊文獻都快翻爛了，想著總有一天我要前進非洲或印度，親自採集這個憧憬的分類群。

由於已知屬已深深印在我的腦中，所以我急忙從白蟻口中奪下此蟲進行採集，放在掌心仔細端詳後發現，特徵跟我所了解的任何已知屬完全不符合。也就是說，此乃新屬新種是也。回國後，我立刻執筆撰寫論文，興奮之情卻絲毫沒有消退。為了紀念採集時的驚訝心情，將種名以拉丁文的 *incredibilis* 命名，意為「難以置信」。

126

葫蘆白蟻金龜

被白蟻銜住的葫蘆白蟻金龜。

圖片／本人提供（3張皆是）

丸山宗利

1974年出生於東京。北海道大學研究所農學研究科博士班畢業。農學博士。現任九州大學綜合研究博物館助教。曾任職於日本國立科學博物館（日本學術振興會特別研究員）、芝加哥菲爾德自然史博物館。專精與蟻類和白蟻共生的昆蟲分類學。著作有《世界甲蟲大圖鑑》（《世界甲虫大図鑑》日文版監修，東京書籍）、《閃閃惹人愛的甲蟲》（《きらめく甲虫》，幻冬社）、《昆蟲好本領》（《昆虫はすごい》，光文社新書）、《蟻巢生物圖鑑》（《アリの巣の生きもの図鑑》合著，東海大學出版部）等，作品繁多。

新種發現短文	有本晃一、今田弓女、柿添翔太郎、金尾太輔、屋宜禎央、山本周平
攝影、圖片協助	柿添翔太郎、小松 貴、島田 拓、吉田攻一郎
鑑別協助	大原直通、小島弘昭、小松謙之、林 正人、山崎和久、吉武 啓
標本協助	九州大學綜合研究博物館、烏山邦夫
校閱協助	龜澤 洋

你所不知道的昆蟲圖鑑

收錄200種以上外型獨特、能力驚人的奇特昆蟲！

2020年 6 月1日初版第一刷發行
2021年11月1日初版第二刷發行

作　　　者	丸山宗利	
譯　　　者	陳姵君	
編　　　輯	陳映潔、吳元晴	
美術編輯	黃郁琇	
發 行 人	南部裕	
發 行 所	台灣東販股份有限公司	
	＜地址＞台北市南京東路4段130號2F-1	
	＜電話＞(02)2577-8878	
	＜傳真＞(02)2577-8896	
	＜網址＞http://www.tohan.com.tw	
郵撥帳號	1405049-4	
法律顧問	蕭雄淋律師	
總 經 銷	聯合發行股份有限公司	
	＜電話＞(02)2917-8022	

國家圖書館出版品預行編目資料

你所不知道的昆蟲圖鑑：收錄200種以上外型獨特、能力驚人的奇特昆蟲！ / 丸山宗利著; 陳姵君譯. -- 初版. -- 臺北市：臺灣東販, 2020.06
128面; 14.8×21公分
ISBN 978-986-511-363-6 (平裝)

1.昆蟲 2.動物圖鑑

387.725　　　　　　　　　　　109005808

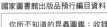